Mudasir Iqbal
Parshant Bakshi
Vinod Kumar Wali

Mulching em Aonla

Mudasir Iqbal
Parshant Bakshi
Vinod Kumar Wali

Mulching em Aonla

Efeito do mulching orgânico e inorgânico no crescimento das árvores, no rendimento e na qualidade dos frutos da aonla

ScienciaScripts

Imprint

Cover image: www.ingimage.com

This book is a translation from the original published under ISBN 978-3-659-77884-1.

Publisher:
Sciencia Scripts
is a trademark of
Dodo Books Indian Ocean Ltd. and OmniScriptum S.R.L publishing group

120 High Road, East Finchley, London, N2 9ED, United Kingdom
Str. Armeneasca 28/1, office 1, Chisinau MD-2012, Republic of Moldova, Europe
Printed at: see last page
ISBN: 978-620-8-16570-3

AGRADECIMENTOS

"A distância não importa, só o primeiro passo é difícil"

TODOS OS LOUVORES SÃO DEVIDOS A ALÁ, O CRIADOR E SUSTENTADOR DO MUNDO E QUE AS BÊNÇÃOS INFINITAS DE ALÁ ESTEJAM SOBRE MOHAMMAD^{SAW} O GRANDE BENFEITOR DA HUMANIDADE

É com imenso prazer que exprimo a minha sincera gratidão ao Dr. Parshant Bakshi, Professor Associado, Divisão de Ciência dos Frutos, SKUAST-J e Presidente do meu Comité Consultivo, pela sua orientação graciosa, crítica construtiva, esforços meticulosos, confiança em mim, apoio afetuoso, liderança inspiradora e entusiástica, aconselhamento sólido, discussão agradável e encorajamento constante durante o curso da investigação e preparação deste manuscrito.

Com um profundo sentimento de gratidão, deixo registados os meus sinceros agradecimentos aos membros do meu Comité Consultivo, que inclui o Dr. V. K. Wali, Professor e Chefe da Divisão de Ciência dos Frutos, o Dr. B.K. Sinha, Professor Assistente da Divisão de Bioquímica e Fisiologia Vegetal, a Dra. Tuhina Dey, Professora Associada da Divisão de Melhoramento Vegetal e Genética (nomeada pelo Diretor (Educação), pelo seu apoio inspirador, sugestões construtivas e ajuda oportuna na finalização deste manuscrito.

Expresso os meus mais sinceros e leais agradecimentos ao Dr. Amit Jasrotia e ao Dr. Deep Ji Bhat, professores assistentes da Divisão de Fruticultura, pela sua inestimável ajuda, conselhos e críticas construtivas em todas as etapas. Apresentaram-me as suas valiosas sugestões e prestaram-me uma ajuda generosa, de tempos a tempos, durante a investigação. Os meus sinceros agradecimentos ao Dr. Akash Sharma, à Dra. Arti Sharma, ao Dr. Kiran Kour, ao Dr. Rajesh Kumar e ao Dr. Nirmal Sharma, professores assistentes da Divisão de Fruticultura, pela sua ajuda constante, sugestões úteis e encorajamento carinhoso ao longo do estudo.

Os meus sinceros agradecimentos aos meus amigos e seniores Dr. Gaganpreet Kour, Manish Bakshi, Rafiq Ahmad, Ajeet Pal, Madhvi Palathia, Disket Dolkar, Sohnika, Rucku, Jyoti, Arti, Darpreet, Simran, Shilpi, Ambika, Koushalayaa, Tabassum, Deepika, Anshu, Moniika, Sheeraz, Amir, Zahid, Zakir por estarem sempre ao meu lado com um sorriso e uma mão amiga.

Com sentimentos pessoais afogados em emoção, exprimo os meus sentimentos profundos, do mais íntimo do meu coração, aos membros da minha família. Nenhuma emoção pode ser suficiente para exprimir o meu amor e os meus cumprimentos ao meu pai Mohd. Iqbal Naikoo e à minha mãe Gulshan Akhter, que sempre me iluminaram para seguir um caminho correto na minha vida. Com um toque pessoal de emoção, aproveito esta oportunidade para exprimir a minha sincera e afectuosa gratidão às minhas irmãs Shaziya e Mahandhiya e aos meus irmãos Mohsin Iqbal, Aatif Hussain, Kaiser Iqbal e Yasir Malik pela sua apreciável paciência, sacrifício, inspiração incessante e encorajamento constante desde a minha infância até ao momento presente, sem os quais a presente tarefa árdua não poderia ter sido realizada.

Agradeço sinceramente a contribuição de todo o pessoal de campo da Divisão de Fruticultura pela sua ajuda.

Place:Jammu **Mudasir Iqbal**

Dated: _______

ÍNDICE DE CONTEÚDOS:

LISTA DE ABREVIATURAS

1	B:C ratio	Benefit : Cost ratio
2	cm	Centimetre
3	*et al.*	Co-workers
4	C.D.	Critical difference
5	cv	Cultivar
6	°B	Degree brix
7	E-W	East-West
8	g	Gram
9	ha	Hectare
10	kg	Kilogram
11	mg	Milligram
12	NS	Non-significant
13	N-S	North-South
14	%	Per cent
15	₹	Rupees
16	cm^2	Square centimeter
17	TSS	Total soluble solids
18	*viz.*	Videlicet (namely)

CAPÍTULO 1

Introdução

Aonla ou groselha indiana (Emblica officinalis Gaertn.) é originária do subcontinente indiano e pertence à família Euphorbiaceae. Devido ao seu carácter rústico, à sua adaptação a vários terrenos baldios, à sua elevada produtividade e aos seus valores nutritivos e terapêuticos, a aonla tornou-se um fruto importante. O clima, que vai desde as planícies tropicais quentes até às colinas subtropicais húmidas de média altitude, é adequado para o seu cultivo. É cultivada com sucesso em condições áridas, semi-áridas, costeiras e temperadas quentes e cresce bem em zonas salinas, alcalinas e degradadas.

Aonla tem sido cultivada na Índia desde tempos imemoriais. Além da Índia, também se encontram árvores de aonla de crescimento natural em diferentes partes do mundo, como o Sri Lanka, Cuba, Porto Rico, EUA (Havai e Florida), Irão, Iraque, Paquistão, China, Malásia, Butão, Tailândia, Vietname, Filipinas, Trindade, Panamá e Japão. Os principais estados produtores de aonla na Índia são Uttar Pradesh, Maharashtra, Gujarat, Rajasthan, Andhra Pradesh, Tamil Nadu, Karnataka, Haryana, Punjab e Himachal Pradesh. Em Jammu e Caxemira, a província de Jammu ocupa uma área de 1650,66 ha de cultivo de aonla, com uma produção anual de 1526,74 MT (Anónimo, 2014). Em diferentes partes da Índia, é conhecida por diferentes nomes vernáculos, como Amla ou Aonla em hindi; Dhatri, Dhatriphala ou Amalaki em sânscrito; Amla ou Amalaki em bengali e Oriya, Nelli em malaiala e tâmil; Amlakamu em telugu; Amolphal em Punjabi (Gurmukhi) e Aonla, Myrobalan ou Indian gooseberry em inglês.

Há um grande número de variedades cultivadas na Índia, mas o cultivo comercial gira em torno de apenas algumas delas, como Kanchan (NA-4), Krishna (NA-5), NA-6, Neelam (NA-7) e NA-10. A NA-7 é uma seleção de plântulas de Francis, que tem uma produção regular precoce e prolífica, com um número máximo de flores femininas por ramo (9,7 flores femininas por ramo).

Várias partes da árvore aonla são de grande importância económica. Do total de aminoácidos, o ácido glutâmico, a prolina, o ácido aspártico, a alanina e a lisina representam 29,6 %, 14,6 %, 8,1 %, 5,4 % e 5,3 %, respetivamente. Aonla é um exemplo raro de um fruto comestível, que é rico em taninos e ácido ascórbico (Kalra, 1988). O teor de vitamina C na aonla varia entre 200-900 mg /100 g de fruto, consoante a variedade e o tamanho do fruto (Barthakur e Arnold, 1991). Uma série de produtos como murabba, pickles, doces, sumo, abóbora, compota, geleia, pó, etc., são preparados a partir de frutos de aonla (Tripathi et al., 1988). O aonla é também utilizado na indústria cosmética em óleos capilares, champôs, pó dentífrico e tem também imensa importância na indústria de curtumes. O fruto da aonla é um refrigerante acre, diurético e laxante e, por conseguinte, útil no tratamento da anemia, diarreia, disenteria crónica, iterícia, febre, bronquite, tosse, dispepsia, diabetes, arteriosclerose, hemorragias, leucorreia (Singh, 1997), asma, tuberculose dos pulmões, escorbuto, fraqueza de memória, cancro, tensão, gripe, constipação, perda e grisalhos do cabelo (Goyal et al., 2008). O fruto é anabolizante, antibacteriano e aumenta a resistência e possui actividades anticarcenogénicas, antieméticas, antioxidantes (devido ao ácido gálico), antipiréticas, antitumorais, antivirais, cardiotónicas e expectorantes (Agarwal e Chopra, 2004). O fruto da aonla é um dos principais ingredientes do Chavanprash e um dos três ingredientes do triphla, que é útil para tratar a obstipação, a dor de cabeça, o aumento do fígado e a biliosidade (Singh et al., 1993). Nas escrituras antigas, a aonla é conhecida como Amritphal (Chopra et al., 1958).

É essencial encontrar formas e meios de aumentar o rendimento e diminuir o custo de produção, de modo a que haja uma produção de fruta suficiente para satisfazer as necessidades dos consumidores. A gestão científica da aonla pode desempenhar um papel vital no êxito do seu cultivo nas zonas de sequeiro do Estado. O crescimento anual das plantas, o crescimento excessivo de ervas daninhas e a produção de frutos esgotam o solo das suas reservas de nutrientes, resultando na redução da fertilidade do solo nativo. A cobertura morta de materiais orgânicos e inorgânicos cria condições favoráveis para obter a máxima produção de frutos de qualidade numa base sustentável, dentro dos limites da gestão do solo, da água e da fertilidade. É necessário conservar a humidade do solo e reduzir a população de ervas daninhas para a manutenção adequada da humidade e da fertilidade do solo (Eismond, 1976; Marinov e Marinov, 1982).

A cobertura morta é uma prática benéfica para obter um maior rendimento dos pomares (Prakash et al., 2007) e resulta num maior rendimento (Patra et al., 2004). A prática da cobertura morta nas árvores de fruto tem vários efeitos benéficos, como a estabilização da temperatura do solo, a redução da perda de água por evaporação, resultando em mais humidade armazenada no solo (Shirgure et al., 2003), a manutenção da fertilidade do solo (Thakur et al., 1997), a supressão do crescimento de ervas daninhas (Bhutani e Bhatia, 1994), a melhoria do crescimento e do rendimento (Pande et al., 2005), a redução da erosão pelo vento ou pela água, o controlo do escoamento superficial e a supressão do crescimento de ervas daninhas (Merwin et al., 1994). O crescimento das árvores é grandemente influenciado pela utilização de diferentes materiais orgânicos e inorgânicos de cobertura vegetal. Estes conservam a humidade do solo na zona das raízes das árvores fruteiras. A presença de humidade adequada na raiz é vital para o crescimento da planta e para os processos fisiológicos. As coberturas vegetais retêm a humidade e também acrescentam matéria orgânica ao solo, o que, segundo se diz, aumenta em grande medida a qualidade dos frutos.

A cobertura morta com resíduos orgânicos foi considerada muito eficaz para o estabelecimento de um pomar de aonla (Rao e Pathak, 1998). A cobertura morta estimula a proliferação de raízes de alimentação, resultando numa absorção eficiente dos nutrientes da planta. As várias coberturas vegetais consideradas melhores em um pomar de aonla em solo sódico foram palha de arroz, lixo de cana-de-açúcar, casca de coco e esterco de quintal (Rao e Pathak, 1996).

Devido ao sistema radicular muito profundo e à natureza xerófita, a planta de aonla é muito resistente e, uma vez estabelecida, necessita de poucos cuidados e irrigação. No entanto, os pomares de aonla na região árida enfrentam um problema de deficiência de água e sofrem uma forte competição de ervas daninhas durante a estação chuvosa. Uma alternativa possível para superar esse problema é o uso de diferentes tipos de cobertura morta, como resíduos orgânicos e polietileno. O principal objetivo da cobertura vegetal é evitar a perda de água por evaporação, prevenir a erosão do solo, controlar as ervas daninhas, etc. Verificou-se que a cobertura morta é um método eficaz para aumentar o rendimento das culturas de frutos tropicais. Tendo em conta a imensa importância da cobertura morta da aonla em áreas de sequeiro para o seu cultivo bem sucedido, a presente investigação foi, por conseguinte, realizada para avaliar o efeito dos materiais de cobertura morta no crescimento das árvores, no rendimento e na qualidade dos frutos da aonla cv. NA-7 em condições de sequeiro de Jammu, com os seguintes objectivos

Estudar o efeito do mulching no crescimento, rendimento e qualidade dos frutos da aonla cv. NA-7.

- Estudar a viabilidade económica de diferentes materiais de cobertura vegetal.
- Avaliar um material de cobertura ideal de aonla para as regiões subtropicais de Jammu.

CAPÍTULO 2

Revisão da literatura

A cobertura morta é uma das práticas culturais mais importantes que afecta o crescimento, o rendimento e a qualidade das culturas frutícolas. O crescimento das árvores é grandemente influenciado pela utilização de diferentes materiais orgânicos e inorgânicos de cobertura morta. Estes materiais conservam a humidade do solo na zona radicular das árvores fruteiras. A presença de humidade adequada no solo é vital para o crescimento e os processos fisiológicos. Além de conservar a humidade, a cobertura morta também evita mudanças bruscas e extremas de temperatura, reduz a erosão pelo vento ou pela água, controla o escoamento superficial e suprime o crescimento de ervas daninhas. A aplicação de coberturas vegetais em pomares cria um efeito aditivo, restringindo a remoção de nutrientes através das ervas daninhas e, em última análise, criando condições favoráveis à disponibilidade de nutrientes para obter uma maior produtividade de frutos de boa qualidade numa base sustentável.

O principal objetivo deste estudo foi determinar o efeito do mulching no crescimento, rendimento e qualidade do fruto da aonla cv. NA-7. Uma breve revisão do trabalho de investigação relacionado direta ou indiretamente com o presente estudo foi analisada sob os seguintes títulos:

2.1. Caraterísticas de crescimento vegetativo

2.1.1. Altura da árvore

Chattopadhyay e Patra (1992) estudaram o efeito da cobertura do solo no crescimento, na floração e no rendimento da romã e referiram que o aumento da altura das plantas foi máximo (12,90 cm) com cobertura do solo com polietileno preto e mínimo (8,52 cm) com tratamento sem cobertura morta. Bal (1995) realizou uma experiência para estudar o efeito de diferentes materiais de cobertura vegetal no crescimento de árvores de manga cv. Dashehari e observou uma altura máxima das árvores com cobertura de polietileno preto.

Shukla et al. (2000) estudaram o efeito de vários tratamentos de irrigação e cobertura morta, como polietileno preto de 200 g, estrume de curral de 8 cm de espessura, palha de arroz, relva e controlo sem cobertura morta no crescimento de aonla *(Emblica officinalis')* cv. NA-7 e descobriu que o polietileno preto foi o material de cobertura vegetal inorgânico mais eficaz e a palha de arroz como material de cobertura vegetal orgânico para aumentar a altura da planta (0,78 m) em comparação com o controlo (0,43 m).
Bhat (2004) estudou o efeito de herbicidas, azoto, potássio e práticas de gestão do solo do pomar no crescimento, rendimento e qualidade dos frutos do damasco *(Prunus armeniaca* L.) cv. New Castle e referiram que a cobertura vegetal de erva aumentou significativamente a altura da árvore (34,47 cm) em comparação com o controlo (27,16 cm). Mukherjee et *al.* (2004) estudaram o efeito do regime hídrico, da cobertura morta e do caulim no crescimento e no rendimento da baga cv. Mundia e relataram que a cobertura de polietileno preto melhorou a altura da planta (0,78 m) em comparação com o controlo (0,53 m). Patra *et al.* (2004) estudaram os efeitos da cobertura morta sobre o crescimento e a produção de frutos da goiabeira cv. Sardar e relataram que a cobertura morta de palha de arroz proporcionou o maior aumento de 0,78 m na altura da planta.

Verma *et al.* (2005) estudaram os efeitos do mulching no rendimento e na qualidade das maçãs e obtiveram a altura máxima das plantas com mulching de relva em combinação com a difusão e mistura de fertilizantes de fósforo e potássio. Sharma e Khokhar (2006) estudaram o efeito de diferentes coberturas vegetais e herbicidas no crescimento, rendimento e qualidade do morango (*Fragaria* x *ananassa* Duch.) cv. Chandler e observaram que o polietileno preto aumentava significativamente a altura das plantas em comparação com o controlo e os outros mulches. Das *et al.* (2010) estudaram a resposta da goiaba cv. L-49 às coberturas do solo e registaram o maior aumento na altura das plantas (0,7 m) com a cobertura de palha de arroz.

Singh *et al.* (2010) estudaram a eficácia de coberturas orgânicas nas propriedades do solo, população de minhocas, crescimento, rendimento e qualidade dos frutos de aonla cv. NA-7 em ecossistema semi-árido e encontraram altura máxima da planta (4,87 m) em palha de arroz em comparação com o controlo (4,55 m). Joshi *et al.* (2012) estudaram o efeito da cobertura morta, programação de irrigação por gotejamento e níveis de fertilizantes no crescimento da planta, produção de frutos e qualidade de litchi (*Litchi chinensis* Sonn.) e descobriram que a cobertura morta de polietileno preto registou um aumento significativo na altura da planta (4,87 m) em comparação com plantas não mulch (4,49 m). Shirgure (2012) estudou a produção sustentável de frutos de lima ácida e a conservação da humidade do solo com diferentes coberturas e registou o maior aumento na altura das plantas (0,19 m) com a cobertura de polietileno preto. Singh *et al.* (2012) estudaram o crescimento e a biomassa da bérberis (*Ziziphus mauritiana*) sob a influência de várias técnicas de conservação da humidade do solo em condições de sequeiro e referiram que a cobertura morta aumentou significativamente a altura das plantas (243,4 cm) em relação ao controlo (198,1 cm). Bakshi et al. (2014), ao estudarem o efeito de diferentes materiais de cobertura morta no crescimento, rendimento e qualidade do morango cv. Chandler, registaram uma altura máxima das plantas de 21,67 cm sob cobertura de polietileno preto, enquanto que no controlo foi mínima (16,33 cm).

2.1.2. Propagação das árvores

Chattopadhyay e Patra (1992) referiram que o aumento da dispersão das plantas foi máximo (27,37 cm) sob cobertura do solo com polietileno preto, enquanto foi mínimo (18,15 cm) sob romãzeiras sem cobertura morta. Shukla et al. (2000) referiram que o polietileno preto em aonla era o material de cobertura vegetal inorgânico mais eficaz e que a palha de arroz era o material de cobertura vegetal orgânico mais eficaz para melhorar os parâmetros de propagação da copa.

Mukherjee et al. (2004) relataram que a cobertura morta de polietileno preto na cultivar Mundia de baga melhorou a propagação da planta (26,03 m) em comparação com o controlo (16,23 m). Patra et al. (2004) relataram que a cobertura morta de palha de arroz em goiaba cv. Sardar deu o maior aumento na propagação de plantas de 0,87 m nas direcções leste-oeste e 0,85 m nas direcções norte-sul. Verma et al. (2005) relataram que a propagação de plantas em maçãs foi maior com a cobertura morta de grama em combinação com a difusão e mistura de fertilizantes de fósforo e potássio. Das et al. (2010) registaram um aumento máximo de 0,76 m na extensão da copa na direção este-oeste e de 0,74 m na direção norte-sul com a cobertura morta de palha de arroz.

Singh et al. (2010) relataram o maior aumento na propagação de plantas (leste-oeste 3,35 m e norte-sul 3,20 m) com cobertura morta de palha de arroz em comparação com o controlo em aonla cv. NA-7. Joshi et al. (2012) observaram um aumento significativo na propagação das plantas (4,96 m) sob cobertura morta de polietileno preto em comparação com o controlo sem cobertura morta (4,53 m) em lichia. Singh et al. (2012) estudaram o crescimento e a biomassa da bérberis (Ziziphus mauritiana) sob a influência de várias técnicas de conservação da humidade do solo em condições de sequeiro e observaram que a cobertura morta aumentou significativamente a dispersão da copa das árvores (256,1 cm) em relação às plantas não cobertas (198,6 cm).

Khan et al. (2013) estudaram o efeito do crescimento, rendimento e absorção de nutrientes da goiaba (Psidium guavaja L.) afectados pelo potencial métrico do solo, fertirrigação e cobertura morta sob irrigação por gotejamento e relataram uma extensão máxima da copa de 5,53 m nas direcções leste-oeste e 5,0 m nas direcções norte-sul com cobertura morta, enquanto que foi mínima nas direcções leste-oeste (5,35 m) e nas direcções norte-sul (4,80 m) em plantas não cobertas. Bakshi et al. (2014) registaram uma dispersão máxima das plantas de 31,24 cm sob mulch de polietileno preto em morango, em comparação com o controlo (26,61 cm).

2.1.3. Volume da árvore

Hieke et al. (1997) verificaram que o mulch de solo plástico e o mulch de cloche aumentaram o volume da copa do pessegueiro em 47% e 23%, respetivamente, em comparação com o controlo nas condições subtropicais australianas. Shirgure et al. (2003) relataram que o volume da copa da tangerina de Nagpur (Citrus reticulata) foi significativamente maior usando cobertura morta de polietileno preto (8,67 m^3) seguido de cobertura morta com grama local (7,37 m^3) em comparação com o controle (6,05 m3). Bhat (2004) referiu que a cobertura morta de erva em alperce registou um volume máximo de 31,23 m3 em comparação com a cobertura morta de agulhas de pinheiro (29,52 m3), a cobertura morta de polietileno preto (28,86 m3), a cobertura morta de polietileno bicolor (28,42 m3) e o controlo (26,52 m3). Bal e Singh (2011), ao estudarem o efeito da cobertura morta na baga, obtiveram um volume máximo de 45,13 m^3 sob o tratamento de incombinação de polietileno preto com gramoxone, seguido de 44,18 m^3 sob o tratamento de incombinação de polietileno preto com glifosato, em comparação com 33,04 m^3 sob controlo.

Joshi et al. (2012) observaram um aumento significativo no volume das árvores (43,47 m^3) sob mulch de polietileno preto em comparação com árvores não mulch (31,09 m^3) em lichia. Shirgure (2012) referiu que o polietileno preto aumentou significativamente o volume das plantas de lima ácida (2,30 m^3) em comparação com o controlo (1,50 m^3).

2.2. Comportamento na floração

2.2.1. Data de início da floração

Chattopadhyay e Patra (1992) observaram que a floração da romã começava mais cedo sob a cobertura morta de polietileno preto, ao passo que o lixo da bananeira atrasava a floração. Mandal e Chattopadhyay (1994) estudaram o crescimento e o rendimento da anona sob a influência da cobertura do solo e observaram que a floração começava mais cedo com a cobertura de polietileno preto, seguida da cobertura de palha. Singh e Asrey (2005) registaram uma floração precoce (80,2 dias) em plantas de morangueiro cobertas com polietileno preto em comparação com polietileno transparente e palha de arroz, que demoraram 83,4 dias e 87,8 dias, respetivamente, para florescer. Ali e Gaur (2007) verificaram que a floração do morangueiro começou 53 dias mais cedo após a transplantação com cobertura morta de polietileno preto, em comparação com outras coberturas e com o controlo. Singh et al. (2007) observaram menos dias para a floração (73,7 dias) em plantas de morangueiro cobertas com polietileno preto em comparação com o controlo. Singh (2007) estudou o efeito da cobertura morta no crescimento das árvores, na produção e na qualidade dos frutos da baga 'Umran' e verificou que a floração começou mais cedo, ou seja, a 11th de setembro, com polietileno preto em combinação com glifosato (1l/ha), ao passo que o início da floração foi retardado no controlo (18th de setembro). Banik et al. (2011) estudaram o efeito da irrigação e da cobertura vegetal orgânica na floração e na frutificação da manga cv. Amrapali e relataram que a data da primeira floração foi observada em 15th fevereiro com dez dias de intervalo de irrigação (30 litros) em combinação com cobertura orgânica de folhas secas, o que foi muito mais cedo em comparação com o controlo (23rd fevereiro).

2.2.2. Número de flores por ramo

Jagtap e Wavchal (1993) estudaram a influência da irrigação e das coberturas vegetais na floração e na produção da cultivar Sanaur-6 de baga com diferentes tratamentos de cobertura vegetal, nomeadamente, controlo, casca de cana-de-açúcar, palha de trigo e pó de serra, e observaram que a cobertura vegetal de resíduos de cana-de-açúcar proporcionou um maior número de botões de flores por cacho do que a cobertura vegetal de palha de trigo. Ali e Gaur (2007) relataram um número máximo de flores por planta em morango com cobertura morta de polietileno preto (17,87), que foi estatisticamente igual à cobertura morta de palha de arroz (17,12) e lixo de cana-de-açúcar (16,87), enquanto o número mínimo de flores por planta foi observado em plantas não tratadas (13,69). Banik et al. (2011) registaram um rácio máximo de flores hermafroditas por panícula (35,5%) com cobertura morta de folhas secas e um mínimo (28,2%) com o controlo.

2.2.3. Data do fim da floração

Chattopadhyay e Patra (1992), ao estudarem o efeito da cobertura do solo no crescimento, na floração e no rendimento da romã, observaram que as plantas sob controlo (sem mulch) foram as primeiras a completar a floração, enquanto esta se atrasou sob mulch de polietileno preto. Singh (2007) estudou o efeito da cobertura morta no crescimento das árvores, na produção e na qualidade dos frutos da baga cv. Umran e indicou que as plantas não tratadas foram as primeiras a completar a fase de floração (31st outubro), seguidas pela palha de arroz (4th novembro) e o fim da floração foi retardado sob cobertura de polietileno preto (7th novembro). Pelo contrário, Banik et al. (2011) estudaram o efeito da irrigação e da cobertura vegetal orgânica na floração e na frutificação da manga cv. Amrapali e relataram que a data do fim da floração foi atrasada nas árvores não tratadas.

2.2.4. Duração da floração

Chattopadhyay e Patra (1992) registaram uma maior duração da floração em romãzeiras sob cobertura morta de polietileno preto e uma menor duração em árvores sem cobertura morta. Ali e Gaur (2007) estudaram o efeito da cobertura morta no crescimento, na produção e na qualidade dos frutos do morangueiro e indicaram que a duração máxima da floração foi de 58,18 dias com cobertura morta de polietileno preto, seguida de 55,12 dias com cobertura morta de palha de arroz e uma duração mínima da floração de 53 dias sob controlo. Bal e Singh (2011), ao estudarem o efeito da cobertura morta na baga, registaram uma duração máxima da floração (58 dias) com a combinação de polietileno preto com o tratamento com gramoxone, seguida de perto pela combinação de polietileno preto com glifosato (57 dias), polietileno preto e tratamentos de cobertura morta com sarkanda (56 dias cada) e uma duração mínima da floração sob controlo (43 dias). Patil (2011) estudou as respostas do morangueiro (Fragaria x ananassa Duch.) cv. Chandler a diferentes coberturas e relatou uma duração mínima da floração em plantas sob cobertura de polietileno preto (50,94 dias), enquanto foi máxima sob controlo (57,12 dias).

2.3. Atributos de rendimento

2.3.1. Conjunto de frutos

Robinson e O' Kennedy (1978) observaram a maior frutificação em macieiras cv. Golden delicious com mulch de relva e o mais baixo com herbicidas e mulch de palha. Albregts e Chandler (1993) observaram um aumento notável do número de frutos por planta no morangueiro sob cobertura vegetal de plástico, em comparação com o controlo. Jagtap e Wavchal (1993) registaram um máximo de frutificação sob serradura (5,09 %), seguido de cobertura morta com palha de trigo (4,34 %) e cobertura morta com palha de cana-de-açúcar (4,30 %). Mandal e Chattopadhyay (1994) observaram um máximo de frutificação por planta em anonas com cobertura morta de polietileno preto, seguida de cobertura morta de palha e um mínimo com o controlo. Bhat (2004) registou uma frutificação máxima em alperce cv. New Castle sob cobertura de relva (62,61 %) e o mínimo no controlo (43,15 %). Pande et al. (2005) estudaram o efeito de várias coberturas vegetais no crescimento, rendimento e atributos de qualidade da maçã cv. Red Delicious e encontraram uma frutificação máxima (33,86 %) sob cobertura de erva seca, em comparação com todos os outros materiais de cobertura, incluindo o controlo. Rui (2005), ao estudar os efeitos da cobertura morta na floração e na frutificação da cerejeira doce (Prunus avium) cv. Hongdeng, registou uma frutificação máxima de 28,01% com cobertura morta de plástico.

Das et al. (2010) registaram uma frutificação mais elevada de 82,15 % na goiaba cv. L-49 com cobertura morta de palha de arroz, enquanto que foi mais baixa no controlo (73,14). Banik et al. (2011), ao estudarem o efeito de diferentes intervalos de irrigação em combinação com tratamentos de cobertura morta na manga, encontraram o maior número de frutos por panícula (16,30 %) em 30 dias de intervalo de irrigação em combinação com cobertura morta orgânica de folhas secas, seguido de 9,60 % em 20 dias de intervalo de irrigação em combinação com cobertura morta orgânica de folhas secas e o menor número de frutos por panícula (7,30 %) foi observado no controlo.

2.3.2. Gota de fruta

Patil et al. (2002) estudaram o efeito dos reguladores de crescimento e da cobertura vegetal na queda de frutos da tangerina de Nagpur e registaram uma queda mínima de frutos de 85,10 % em plantas tratadas com NAA 30 ppm em combinação com cobertura vegetal de erva seca, enquanto a queda máxima de frutos de 96,04 % foi observada no controlo. Ghosh e Bauri (2003) relataram que a retenção de frutos da manga cv. Himsagar cultivada em solos de sequeiro foi significativamente mais elevada com a aplicação de cobertura morta de polietileno preto (68,0%) do que com a cobertura morta de palha de arroz (63,0%) e o controlo (45,3%). Pande et al. (2005) estudaram o efeito de várias coberturas vegetais no crescimento, na produção e nos atributos de qualidade da maçã e registaram uma queda mínima de frutos (37,39 %) com cobertura vegetal de erva seca e uma queda máxima de frutos (51,52 %) sob controlo. Das et al. (2010) registaram a maior queda de frutos (45,76 %) na goiaba cv. L-49 sob controlo sem mulch e a menor (36,03 %) sob mulch de palha de arroz.

2.3.3. Rendimento (kg planta)$^{-1}$

Badiyala e Aggarwal (1981) verificaram o efeito do mulching na produção de morangos e observaram um aumento significativo do rendimento de 68% nos tratamentos com mulching de polietileno e de 33% nos tratamentos com mulching de agulhas de pinheiro em relação ao controlo. Mage (1982) obteve um rendimento significativamente mais elevado de maçãs com cobertura morta de polietileno preto do que com o controlo. Chattopadhyay e Patra (1992) registaram um maior rendimento de romã sob cobertura do solo com polietileno preto, seguido de pó de serra, lixo de banana e controlo. Jagtap e Wachal (1993) registaram um rendimento máximo sob cobertura morta de resíduos de cana-de-açúcar em comparação com o controlo em bagas. Kaundal et al. (1995) registaram a maior produção de frutos de pêssego cv. Shan-i-Punjab sob cobertura de polietileno preto (58 kg/árvore), seguido de glifosato à taxa de 2,5 l/ha (52 kg/árvore) e controlo (42 kg/árvore). Reddy e Khan (1998) registaram o rendimento máximo de sapota cv. Kalipatti sob película de polietileno preto de 200 gamas (134,6 kg/árvore) em comparação com película de polietileno preto de 400 gamas (128,6 kg/árvore) e controlo (78 kg/árvore). Borthakur e Bhattacharyya (1999) observaram o efeito da cobertura morta no rendimento e na composição mineral da goiaba e encontraram um rendimento significativamente mais elevado sob casca de arroz (13,6 kg/árvore) em comparação com o controlo (8,7 kg/árvore).

Kumar et al. (1999) registaram a maior produção de frutos em macieiras cv. Starking Delicious sob incombinação de herbicida com mulching de feno seguido de mulching de feno de 10 cm e mulch de polietileno com rede branca. Shukla et al. (2000) estudaram o efeito da cobertura morta no crescimento das plantas e no estado dos nutrientes nas folhas da aonla e registaram um rendimento mais elevado em comparação com o controlo. Singh et al. (2002) obtiveram uma produção significativamente maior de frutos de damasco cv. New Castle sob irrigação por gotejamento em combinação com cobertura de plástico preto em comparação com a irrigação por gotejamento. O mulch de polietileno preto aumentou significativamente a produção de frutos de manga cv. Himsagar do que o controlo (Gosh e Bauri, 2003). Shirgure et al. (2003) estudaram o efeito de diferentes coberturas na conservação da humidade do solo, redução de ervas daninhas, crescimento e rendimento da tangerina Nagpur irrigada por gotejamento e observaram o maior rendimento sob cobertura de polietileno preto (73,7 kg / árvore) seguido de cobertura de grama (69,7 kg / árvore). Patra et al. (2004) estudaram os efeitos da cobertura morta no crescimento e na produção de frutos da goiabeira cv. Sardar e relataram que as plantas sob cobertura morta de polietileno preto produziram a produção máxima (44,32 kg/planta e 12,32 t/ha). Das et al. (2007) estudaram o efeito de diferentes materiais de cobertura morta no morangueiro e verificaram que o polietileno preto produziu um rendimento máximo em comparação com a palha de arroz. Kumar et *al.* (2008), durante um estudo de cinco anos com a manga 'Lal Sundari' (Mangifera indica L.), obtiveram rendimentos mais elevados com a cobertura morta de erva seca.

Ghosh et al. (2009) referiram que a cobertura morta da bacia das plantas e a rega no período seco melhoraram significativamente o rendimento da laranja doce (Citrus sinensis) cv. Mosambi. Castaneda et al. (2009) registaram um rendimento máximo de frutos de 386,66 g/planta no morangueiro sob mulch de plástico preto de polietileno, seguido de 292,14 g sob mulch de propileno preto e o rendimento mínimo de 40,28 g por planta sob mulch de filme de propileno branco.

Sharma e Kathiravan (2009), durante um estudo de dois anos com ameixa cv. Santa Rosa, registaram uma produção média de frutos significativamente mais elevada de 80,62 quintal ha^{-1} em árvores cobertas com polietileno preto. Kher et al. (2010) registaram uma produção de frutos significativamente mais elevada no morango cv. Chandler sob mulch de polietileno preto, seguido de polietileno transparente e mulch de palha de arroz. Singh et al. (2010) registaram uma produção máxima de frutos em aonla cv. NA-7 com palha de arroz (41,50 kg/planta) seguida de palha de milho (40,0 kg/planta) em comparação com o controlo (37,50 kg/planta). Bal e Singh (2011) obtiveram o maior rendimento de frutos de baga (45,36 kg de árvore^{-1}) no tratamento com mulch de polietileno preto e o menor rendimento de 25,23 kg de árvore^{-1} no controlo. Kumar et al. (2012), ao estudarem o impacto de diferentes materiais de cobertura no crescimento, na produção e na qualidade do morango, registaram uma produção de frutos significativamente mais elevada com a cobertura de polietileno transparente, seguida da cobertura de polietileno preto, enquanto a produção foi mínima no controlo.

2.4. Caraterísticas físico-químicas

2.4.1. Caracteres físicos

2.4.1.1. Tamanho do fruto

Gosh (1985) obteve frutos de grande tamanho e sumarentos com cobertura morta de erva em lima doce. Mustaffa (1989) estudou o efeito da cobertura morta e da sombra no rendimento, na qualidade e na composição dos nutrientes foliares da tangerina de Coorg e observou um comprimento máximo dos frutos (5,68 cm) e uma largura máxima dos frutos (5,96 cm) no tratamento com cobertura morta de folhas secas, em comparação com o controlo. Gupta e Acharya (1993), ao estudarem o efeito do regime hidrotérmico induzido pela cobertura vegetal no crescimento das raízes, na eficiência da utilização da água, no rendimento e na qualidade do morango, verificaram que o tamanho dos bagos era significativamente mais elevado sob polietileno preto, seguido da cobertura vegetal de agulhas de pinheiro.

Neilsen et al. (2003) estudaram o efeito de coberturas e bio-sólidos no vigor, rendimento e nutrição foliar de macieiras de alta densidade fertirrigadas e verificaram que se obtinha um tamanho de fruto maior em árvores cobertas com feno de alfa alfa. Agrawal et al. (2005) referiram que o comprimento e a largura dos frutos da manga cv. Dashehari foi significativamente maior sob irrigação por gotejamento em combinação com o tratamento de cobertura plástica em comparação com o controle. Pande et al. (2005) estudaram o efeito de várias coberturas no crescimento, produção e atributos de qualidade da maçã cv. Red Delicious e verificaram que o tamanho máximo dos frutos foi obtido com a cobertura vegetal de erva seca, seguida de perto pela cobertura vegetal de folhas secas, enquanto o tamanho mínimo dos frutos foi registado em cultura limpa. Sharma e Khokhar (2006) estudaram o efeito de diferentes coberturas vegetais e herbicidas no crescimento, rendimento e qualidade do morango (Fragaria x ananassa Duch.) cv. Chandler e verificaram que o tamanho máximo dos frutos (comprimento x largura) foi registado sob cobertura de polietileno preto, seguido de polietileno bicolor.

Castaneda et al. (2009), ao estudarem a utilização de diferentes tipos de mulching na produção de morangos, verificaram que o mulch de filme de polietileno preto aumentou o tamanho dos frutos em comparação com o mulch de polietileno branco. Singh et al. (2010) relataram que o comprimento dos frutos da aonla cv. NA-7 foi significativamente maior com a cobertura morta de gramíneas (4,05 cm), seguida da palha de arroz (4,00 cm), em comparação com 3,70 cm no controlo.

Bal e Singh (2011), ao estudarem o efeito da cobertura morta em bagas, registaram um comprimento máximo dos frutos (4,37 cm) e uma largura dos frutos (3,21 cm) sob cobertura morta de polietileno preto, ao passo que se observou um comprimento mínimo dos frutos de 2,34 cm e uma largura dos frutos de 2,16 cm no controlo. Bakshi et al. (2014) registaram um comprimento máximo do fruto de 3,93 cm e uma largura do fruto de 3,16 cm em morangos cv. Chandler sob mulch de polietileno preto, enquanto o comprimento mínimo dos frutos foi de 3,00 cm e a largura dos frutos de 2,00 cm no controlo.

2.4.1.2. Peso do fruto

O peso do fruto da tangerina de Coorg foi mais elevado (109,7 g) no tratamento com cobertura vegetal e foi mínimo (96,5 g) no tratamento à sombra (Mustaffa, 1989). O peso de fruto significativamente mais elevado de 79 g no pêssego cv. Shan-i-Punjab foi registado sob mulch de polietileno preto em comparação com 63 g no controlo (Kaundal et al., 1995). Hieke et al. (1997) registaram um peso máximo de frutos de 95,3 g em pêssego cv. Florida Prince sob cobertura plástica do solo, em comparação com 73,2 g no controlo. Kumar et al. (1999) registaram o maior peso de fruto de 260,4 g em maçã cv. Starking Delicious sob o tratamento de herbicida em combinação com mulching de feno seguido de mulching com rede de polietileno branco (245,5 g). O peso do fruto do damasco cv. New Castle foi significativamente maior sob irrigação por gotejamento em combinação com cobertura plástica em comparação com o controle (Singh et al., 2002). Gosh e Bauri (2003) observaram que o peso do fruto da manga foi maior no tratamento com mulching de polietileno preto (322 g) seguido de enxada (321 g) e mulch de palha de arroz (317 g), enquanto que no controlo foi o menor (288 g). O maior peso de fruto de 140,5 g foi observado na tangerina Nagpur sob mulching de polietileno preto, seguido de 135,5 g sob mulching de relva, 135 g sob polietileno branco e 133 g sob mulching de palha de arroz (Shirgure et al., 2003).

Mukherjee et al. (2004) referiram que o peso dos frutos da baga cv. Mundia foi significativamente mais elevado sob o mulching de polietileno preto, em comparação com o controlo. Ali e Gaur (2007) observaram o maior peso de fruto de 7,94 g em morango sob mulch de polietileno preto, seguido de 7,73 g em mulch de palha de arroz e lixo de cana de açúcar e 7,28 g no controlo. Maji e Das (2008) estudaram a melhoria da qualidade dos frutos e a produção de goiaba cv. L-49 sob diferentes materiais de cobertura orgânica e inorgânica e registaram um peso médio máximo dos frutos de 117,38 g sob cobertura com resíduos de cana-de-açúcar, seguido de 98,80 g sob cobertura de palha de arroz. Singh et al. (2010) relataram o peso máximo de frutos em aonla cv. NA-7 sob palha de arroz (43,16 g), seguido de cobertura morta de grama (41,15 g) e cobertura morta de palha de milho (41,15 g) em comparação com o controle (39,0 g).

Bal e Singh (2011) registaram o peso máximo dos frutos em bagas sob polietileno preto (22,5 g), seguido de perto pelos tratamentos de polietileno preto em combinação com gramoxone (22,3 g). Bakshi et al. (2014) registaram um peso máximo de fruto de 11,83 g sob mulch de polietileno preto em morango cv. Chandler, ao passo que foi mínimo no controlo (8,16 g).

2.4.1.3. Volume do fruto

Gaikwad et al. (2002) registaram um volume médio de frutos significativamente mais elevado em tangerinas de Nagpur sob mulch de erva seguido de mulch de polietileno, em comparação com o controlo. Pande et al. (2005) registaram um volume de frutos significativamente mais elevado na maçã sob materiais de cobertura vegetal orgânicos, em comparação com o controlo. Kher et al. (2010), ao estudarem o efeito de diferentes materiais de cobertura morta no morangueiro, registaram um volume de frutos significativamente mais elevado sob polietileno preto do que no controlo.

2.4.1.4. Rácio pasta: pedra

Kumar et al. (2008) estudaram o efeito do mulching orgânico e do calendário de irrigação por gotejamento no crescimento e rendimento da manga 'Lal Sundari' *(Mangifena indica* L.) na região leste da Índia e registaram o peso máximo da polpa na fase de maturidade sob mulching orgânico em combinação com irrigação por gotejamento a 75% de reposição da evaporação (ER), mas permaneceu a par com outros tratamentos viz, mulch orgânico em combinação com 25 por cento de ER, mulch orgânico em combinação com 50 por cento de ER, mulch orgânico e controlo. Também referiram que o peso máximo do caroço foi registado no controlo de sequeiro.

2.4.1.5. Gravidade específica

A gravidade específica varia tanto na magnitude final como na taxa de mudança sazonal na aonla, mas geralmente mostra uma diminuição desde o início da estação até à maturidade. As mudanças na gravidade específica dos frutos durante o crescimento devem-se ao aumento dos espaços aéreos intercelulares e carpelares. Assim, a densidade do fruto reflecte a extensão dos espaços aéreos, a quantidade de lignificação (células pétreas) e a densidade das células do fruto. É verdade para todos os tipos de frutos que os mais pequenos são mais densos do que os maiores, tanto durante a estação como na colheita (Westwood, 1993). Kumar et al. (2012) registaram uma gravidade específica significativamente mais elevada de 0,97 no polietileno branco do morango, seguida de 0,96 no polietileno preto e 0,95 nas agulhas de pinheiro, em comparação com 0,94 no controlo.

2.4.2. Caraterísticas bioquímicas

2.4.2.1. Sólidos solúveis totais (SST)

Badiyala e Aggarwal (1981) observaram o efeito do mulching na produção de morangos e verificaram que a percentagem de SST era mais elevada sob mulch de polietileno preto, que era 1,10 e 1,22 vezes mais do que sob agulha de pinheiro e controlo, respetivamente. Mustaffa (1989) observou um teor máximo de SST de 11,0 % na tangerina de Coorg sob tratamento com folhas secas e um mínimo no controlo (10,8 %). Kaundal et al. (1995) registaram um teor de SST significativamente mais elevado de 13,0 % em pêssego cv. Shan-i-Punjab sob cobertura de polietileno preto (13,0 %) em comparação com 10,6 % no controlo. Gupta e Acharya (1993), ao estudarem o efeito do regime hidrotérmico induzido pela cobertura vegetal no crescimento radicular, na eficiência do uso da água, no rendimento e na qualidade do morango, verificaram que a cobertura vegetal de polietileno preto resultou em sólidos solúveis totais (SST) mais elevados em comparação com os restantes tratamentos com cobertura vegetal. Ghosh e Bauri (2003) registaram um SST mais elevado de 18,3 % em mangas sob cobertura de polietileno preto, seguido de 17,2 % em palha de arroz e um SST mais baixo de 14,31 % em frutos de árvores não tratadas. Gaikwad et al. (2002) observaram os SST mais elevados sob cobertura morta de erva seca na tangerina de Nagpur, seguidos de cobertura morta de polietileno, enquanto os mais baixos foram registados sob controlo.

Pande et al. (2005), ao estudarem o efeito de várias coberturas vegetais no crescimento, rendimento e atributos de qualidade da maçã cv. Red Delicious, verificaram que a aplicação de coberturas orgânicas deu um teor de SST relativamente baixo (13,7° Brix) do que a cobertura de polietileno preto, que registou um teor de SST de 14,2° Brix. Sharma e Khokhar (2006), num estudo de dois anos sobre o efeito de diferentes coberturas vegetais e herbicidas no crescimento, rendimento e qualidade do morango (Fragaria x ananassa Duch.) cv. Chandler indicaram que o polietileno preto aumentou significativamente o SST (8,95 % e 8,88 %), seguido do polietileno bicolor (8,65 % e 8,68 %) durante os dois anos de estudo.

Kim et al. (2008) estudaram o efeito da cobertura vegetal reflectora antes da colheita no crescimento e na qualidade do fruto da ameixa (Prunus domestica L.) e observaram que os sólidos solúveis totais eram mais elevados em 0,3° Brix no tratamento com cobertura vegetal aplicado 2 e 3 semanas antes da colheita em comparação com o controlo. Kumar et al. (2008) estudaram o efeito do mulching orgânico e do calendário de irrigação por gotejamento no crescimento e na produtividade da manga 'Lal Sundari' *(Mangifena indica* L.) na região leste da Índia e observaram o máximo de SST sob mulching orgânico em combinação com irrigação por gotejamento a 25% de reposição da evaporação (ER), que permaneceu a par com outros tratamentos, *ou seja*, mulch orgânico em combinação com 50% ER, mulch orgânico em combinação com 75% ER, mulch orgânico e controle. Kaur e Kaundal (2009) estudaram a eficácia dos herbicidas, da cobertura morta e da cobertura vegetal no controlo de ervas daninhas em pomares de ameixa e observaram que o polietileno preto aumentou o SST em relação a outros tratamentos e que o teor mais baixo de SST foi registado no controlo.

Singh *rt nl.* (2010) relataram que a cobertura morta de palha de arroz em aonla cv. NA-7 registou o TSS máximo de 8,25 %, seguido de 8,15 % na cobertura morta de erva e 8,10 % na cobertura morta de palha de milho, em comparação com 7,85 % no controlo. Bal e Singh (2011), ao estudarem o efeito do material de cobertura vegetal em bagas, observaram que o SST máximo de 12,16% foi registado com polietileno preto em combinação com gramoxone (1 litro/ha). Também referiram que o SST sob palha de arroz e sarkanda era mais elevado em comparação com o controlo.

Kumar *rt nl.* (2012) registaram SST significativamente mais elevados em morangos sob coberturas de polietileno transparente seguidas de polietileno preto. Também registaram SST mais elevados sob coberturas orgânicas. Bakshi et al. (2014), ao estudarem o efeito do mulching no morango cv. Chandler, registaram um TSS mais elevado de $7{,}63^0$ B sob mulch de polietileno preto, enquanto que no controlo foi inferior ($6{,}67^0$ B).

2.4.2.2. Acidez titulável

Ghosh e Bauri (2003), ao estudarem o impacto de várias coberturas vegetais na manga, verificaram que a acidez dos frutos não foi influenciada pelos vários tratamentos de cobertura vegetal. Hassan et al. (2000) estudaram o efeito de diferentes coberturas vegetais no rendimento e na qualidade do morango cv. Oso Grande e observaram um teor mínimo de acidez nos frutos colhidos de plantas sob cobertura de polietileno preto (1,13 %) e um máximo no controlo (1,33 %). No entanto, Gaikwad et al. (2002), ao estudarem o efeito de diferentes coberturas sobre a humidade e a temperatura do solo na tangerina de Nagpur, verificaram que o efeito dos diferentes tratamentos de cobertura sobre a acidez não era significativo. Pande et al. (2005) encontraram uma acidez titulável mais elevada de 0,25 por cento na maçã cv. Red Delicious cultivada sob cobertura de erva seca, seguida de um teor de acidez de 0,20% registado sob polietileno preto e um teor de acidez mínimo de 0,19% registado sob cultura limpa. Sharma e Khokhar (2006), num estudo de dois anos sobre o efeito de diferentes coberturas vegetais e herbicidas no crescimento, rendimento e qualidade do morango cv. Chandler registaram uma acidez significativamente menor (0,82 e 0,81 %) sob polietileno preto durante ambos os anos de estudo, em comparação com 1,12 % e 1,16 % sob plantas não tratadas.

Pande et al. (2005), ao estudarem o efeito de várias coberturas vegetais na cultura da maçã, registaram a acidez titulável mais elevada nos frutos cobertos com erva seca, seguida dos frutos cobertos com folhas secas e a menor acidez titulável foi registada no controlo. Kim et al. (2008) estudaram o efeito da cobertura morta reflectora antes da colheita no crescimento e na qualidade dos frutos da ameixeira (Prunus domestica L.) e observaram que a acidez dos frutos diminuía com a cobertura morta reflectora. Kaur e Kaundal (2009) estudaram a eficácia dos herbicidas, da cobertura morta e da cobertura vegetal no controlo das ervas daninhas em pomares de ameixa e referiram que a cobertura morta de polietileno preto foi considerada o tratamento mais eficaz na redução do teor de acidez dos frutos de ameixa, seguida de diferentes doses de glifosato e diurão, que foram igualmente eficazes na redução do teor de acidez dos frutos de ameixa.

Singh et al. (2010) registaram uma acidez máxima de 2,70 % com cobertura vegetal de erva e uma acidez titulável mínima de 1,98 % com cobertura vegetal de palha de arroz. Bal e Singh (2011), ao estudarem o efeito do material de cobertura em bagas, registaram a maior acidez titulável sob controlo, enquanto a menor foi observada sob cobertura de palha de arroz. Kumar et al. (2012) registaram uma acidez do fruto significativamente mais elevada no morango sob polietileno transparente seguido de polietileno preto. A acidez mínima dos frutos foi obtida sob controlo. Melgarejo et al. (2012) registaram que o teor de ácidos orgânicos era ligeiramente mais elevado nas ameixas de árvores tratadas com película de cobertura plástica. Bakshi et al. (2014), ao estudarem o efeito do mulching no morango cv. Chandler registaram uma acidez mais elevada de 0,80 % sob controlo, enquanto que a menor acidez de 0,64 % foi encontrada sob mulch de polietileno preto.

2.4.2.3. Açúcares totais, açúcares redutores e açúcares não redutores

Pande et al. (2005), ao estudarem o efeito de várias coberturas vegetais na maçã cv. Red Delicious, registaram os açúcares totais mais elevados (9,50 %) e o açúcar redutor (6,90 %) sob cobertura morta de polietileno preto, seguida de cobertura morta de folhas secas e de cultivo limpo, enquanto o mínimo foi registado sob cobertura morta de agulhas de pinheiro. Sharma e Khokhar (2006), num estudo de dois anos sobre o efeito de diferentes coberturas vegetais e herbicidas no crescimento, rendimento e qualidade do morango (Fragaria x ananassa Duch.) cv. Chandler indicou que o polietileno preto melhorou significativamente o teor de açúcar total (7,56 e 7,60 %), seguido do polietileno bicolor (7,31 e 7,41 %), enquanto os valores mais baixos (6,67 e 6,57 %) foram observados com o herbicida atrazina (1,0 kg ha^{-1}) durante os dois anos de estudo. Das et al. (2010), ao estudarem o efeito das coberturas do solo na goiaba cv. L-49, registaram um máximo de açúcar total (6,53 %), açúcar redutor (3,8 %) e açúcar não redutor (2,72 %) sob cobertura de palha de arroz, em comparação com outras coberturas e controlo.

Patil (2011) registou o maior teor de açúcar total (6,21 %) sob mulch de palha de arroz, açúcar redutor (5,38 %) sob mulch de polietileno preto e açúcar não redutor (1,22 %) sob mulch de palha de arroz e o menor sob controlo. Kumar et al. (2012) registaram açúcares totais significativamente mais elevados no morango sob mulching de polietileno transparente seguido de polietileno preto. Melgarejo et al. (2012) relataram que os açúcares totais eram ligeiramente mais elevados em frutos de ameixa de árvores tratadas com película de mulching de plástico. Bakshi et al. (2014) ao estudarem o efeito do mulching no morango cv. Chandler registaram um máximo de açúcares totais de 7,00 % sob mulch de polietileno preto e um mínimo (6,10 %) no controlo.

2.4.2.4. TSS : rácio de acidez

Pande et al. (2005), ao estudarem o efeito de várias coberturas na cultura da maçã, encontraram uma relação TSS : ácido máxima de 70,8 sob polietileno preto, em comparação com a relação TSS : ácido de 55,3, 62,4 e 62,5 registada respetivamente sob coberturas de erva seca, agulha de pinheiro e folha seca. Sharma e Khokhar (2006), num estudo de dois anos sobre o efeito de diferentes coberturas vegetais e herbicidas no crescimento, rendimento e qualidade do morango (Fragaria x ananassa Duch.) cv. Chandler indicaram que o rácio SST: ácido mais elevado (10,97 e 10,93) foi obtido com polietileno preto, seguido de polietileno bicolor (10,55 e 10,44), enquanto o mais baixo (8,79 e 8,89) foi observado com o tratamento herbicida com atrazina (1,0 kg/ha) durante os dois anos de estudo.

2.4.2.5. Clorofila

George et al. (2000) estudaram o efeito do polietileno e do mulch orgânico no crescimento e rendimento da carambola Arkin (Averrhoa carambola L.) no sul da Flórida e relataram que não houve diferenças significativas entre os tratamentos, no entanto, o polietileno preto mostrou um índice de clorofila consistentemente maior em comparação com o controlo sem mulch.

Ashrafuzzaman et al. (2011) estudaram o efeito da cobertura morta de plástico no crescimento e rendimento da malagueta (Capsicum annum L.) e referiram que a cobertura morta de plástico preto produziu frutos com maior teor de clorofila a, clorofila b e clorofila total. Gaturuku e Isutsa (2011) observaram que a irrigação e o tipo de cobertura morta afetam significativamente alguns processos fisiológicos do maracujá roxo (Passiflora edulis) sob estresse hídrico e relataram que a cobertura morta não teve efeito significativo no teor de clorofila e descobriram que as coberturas de plástico preto e palha de trigo tinham menor teor de clorofila em comparação com o controle sem cobertura morta.

2.4.2.6. Vitamina C

Mustaffa (1989) observou que o teor de ácido ascórbico era máximo na tangerina de Coorg sob controlo (58,6 mg/100 g), seguido de cobertura vegetal de folhas secas (57,5 mg/100 g) e era significativamente mais elevado do que à sombra (48,8 mg/100 g). O teor mais elevado de ácido ascórbico do limão Assam foi registado sob palha de arroz, seguido de jacinto de água e o valor mais baixo foi obtido no controlo (Nath e Sharma, 1994). Maji e Das (2008) estudaram a melhoria da qualidade dos frutos e o rendimento da goiaba cv. L-49 sob diferentes materiais de cobertura vegetal orgânicos e inorgânicos e registaram o teor mais elevado de vitamina C de 189,79 mg/100 g de polpa de frutos, com cobertura vegetal de polietileno preto. Singh et al. (2010) estudaram a influência de diferentes coberturas orgânicas nas propriedades do solo, na população de minhocas, no crescimento, na produção e na qualidade dos frutos da aonla cv. NA-7 e registaram um teor máximo de vitamina C com a cobertura de palha de arroz (498,00 mg/100 g), seguida da palha de milho (494,15 mg/100 g) e da cobertura de erva (493,00 mg/100 g).

Bal e Singh (2011) estudaram o efeito do material de cobertura e dos herbicidas no crescimento das árvores, na produção e na qualidade dos frutos da baga e registaram um máximo de vitamina C nos frutos de plantas cobertas com polietileno preto (107,25 mg/100 g de polpa), polietileno preto em combinação com (1 l/ha) gramoxone (101,20 mg/100 g de polpa) e polietileno preto em combinação com (1 l/ha) glifosato (99,76 mg/100 g de polpa).

2.5. Controlo de ervas daninhas

Guleria (1986) relatou que a cobertura morta com filme de polietileno reduziu consideravelmente a população de ervas daninhas em pomares de macieiras. Foi relatado que a cobertura morta proporciona uma melhor supressão do crescimento de ervas daninhas do que outros sistemas de gestão do solo (Robinson, 1983; Borthakur e Bhattacharya, 1992). Sharma e Bhutani (1998) observaram um excelente controlo de ervas daninhas num pomar de pessegueiros com uma cobertura de relva de 10 cm de espessura. Stapleton et al. (1989); Brar et al. (1992) e Buban et al. (1995) verificaram que o mulch de plástico preto é o mais adequado para o controlo de ervas daninhas, sem efeitos prejudiciais para o crescimento e a produção das árvores, em comparação com herbicidas, enxada manual e coberturas do solo com agulhas de pinheiro, casca de pinheiro, estrume de gado ou composto de cogumelos. Hartley (1996) observou o efeito de quatro coberturas orgânicas, nomeadamente pó de serra, palha de cevada, composto e pó de lã, na produção de frutos e no controlo de ervas daninhas em macieiras e referiu que a palha de cevada era o tratamento mais eficaz para controlar o crescimento de ervas daninhas. Rao e Pathak (1998) estudaram o efeito de diferentes coberturas vegetais no crescimento de ervas daninhas num pomar de aonla e observaram uma população mínima de ervas daninhas de 9,16/m^2 sob cobertura de polietileno preto, seguida de 74,48/m^2 em cobertura de erva, 77,44/m^2 em cobertura de palha de arroz, 128,08/m^2 em casca de arroz e 143,08/m^2 no controlo após 240 dias de tratamentos de cobertura.

Rana (1998) verificou que os tratamentos com mulching eram mais eficazes na supressão do crescimento de ervas daninhas do que os tratamentos com herbicidas em viveiros de macieiras durante um período de 6-7 meses.

Da mesma forma, as coberturas vegetais foram consideradas mais eficazes na supressão das ervas daninhas em citrinos (Cahoon *et al.*, 1963) e viveiros de macieiras (Srivastava et al., 1973; Sinha et *al.*, 1982). Bhat (2004) estudou o efeito de herbicidas, N, K e práticas de gestão do solo do pomar no crescimento, produção e qualidade dos frutos do damasco cv. New Castle e a população mínima de ervas daninhas de 11/ m^2 foi registada sob cobertura de polietileno preto, seguida de 22/ m^2 sob cobertura de polietileno bicolor, enquanto a população máxima de ervas daninhas de 200/m^2 foi registada sob controlo manual de ervas daninhas. Ramakrishna et *al.* (2006) estudaram o efeito do mulch na temperatura do solo, humidade, infestação de ervas daninhas e rendimento do amendoim e descobriram que o mulch de polietileno e o mulch de palha apresentavam menor infestação de ervas daninhas. Também referiram que as parcelas sem mulch apresentavam uma maior diversidade de espécies de ervas daninhas do que as parcelas com mulch.

Sharma e Kathiravan (2009) estudaram a aplicação de diferentes coberturas vegetais, *nomeadamente* polietileno transparente, polietileno preto, polietileno bicolor, erva do campo, agulhas de pinheiro e controlo dos regimes hidrotérmicos do solo e do crescimento da ameixa, tendo constatado que o crescimento mínimo de ervas daninhas foi observado com polietileno preto e polietileno bicolor.

2.6. Economia

Raina (1991) estudou a economia do efeito dos herbicidas, da cobertura vegetal e do cultivo limpo no crescimento, rendimento, qualidade e teor de nutrientes nas folhas das macieiras Royal Delicious e referiu que a combinação de cobertura vegetal de gramíneas e glifosato proporcionou um rendimento bruto e líquido significativamente mais elevado por hectare, seguido da cobertura vegetal de coníferas e do glifosato e, por último, do controlo. Khokhar *et al.* (2001) estudaram o efeito económico de vários sistemas de gestão do solo no crescimento, rendimento e estado dos nutrientes nas folhas da oliveira cv. Laccino e encontraram um rácio benefício-custo mínimo (rácio B : C) de 0,24 num tratamento com cobertura de relva e glifosato, em comparação com a monda manual como controlo. Bhat (2004) relatou que o rendimento bruto e líquido do damasco cv. New Castle foram máximos com a cobertura de relva seguida da cobertura de relva em combinação com tratamentos herbicidas, em comparação com todos os outros tratamentos.

Gondalia e Patel (2007) estudaram uma avaliação económica do investimento em anola *(Emblica officinalis* Gaertn.) em Gujarat e concluíram que o estabelecimento de um pomar de aonla implica um investimento elevado, mas os rendimentos anuais também são tranquilamente elevados após o terceiro ano de plantação e satisfazem as regras de aceitação para a preposição de investimento e confirmam a viabilidade económica, a estabilidade e a certeza do investimento num pomar de aonla. Prakash et al. (2007) estudaram a resposta da cobertura morta à humidade do solo in situ, ao crescimento, ao rendimento e ao retorno económico da lichia (Litchi chinensis) e indicaram que a relação custo-benefício (relação B : C) era mais elevada em vários tratamentos de cobertura morta do que no controlo e concluíram que a cobertura morta é uma prática benéfica para obter rendimentos mais elevados nos pomares de lichia em condições de sequeiro de Tripura.

Mishra et al. (2008) estudaram a viabilidade económica da irrigação por gotejamento e mulching em castanha de caju em áreas costeiras e relataram um retorno líquido máximo de ₹ 32.230/ha e uma relação B: C de 3,10 sob 80 % de irrigação por gotejamento em combinação com mulching de polietileno preto de baixa densidade, enquanto que o retorno líquido de ₹ 14.520/ha com relação B: C de 2,46 foi encontrado no controle (100 % de irrigação por gotejamento).

CAPÍTULO 3

Materiais e métodos

A presente investigação intitulada "Efeito de materiais de cobertura vegetal no crescimento das árvores, na produção e na qualidade dos frutos de aonla (Emblica officinalis Gaertn.) cv. NA-7 em condições de sequeiro de Jammu" foi realizada na Sub-Estação de Investigação de sequeiro para frutos subtropicais Raya, Jammu e na Divisão de Ciência dos Frutos, Universidade Sher-e-Kashmir de Ciências e Tecnologia Agrícolas de Jammu durante 2013-14. Os pormenores sobre o local de experimentação, o material utilizado e a metodologia adoptada durante o curso da investigação são apresentados nos subtítulos seguintes.

3.1. SÍTIO EXPERIMENTAL

3.1.1. Localização

O campo experimental está situado a uma altitude de 332 m acima do nível médio do mar e situa-se entre 32^0 39 "de latitude norte e 74^0 53" de longitude leste.

3.1.2. Clima

O clima do local experimental é subtropical, com um verão quente e seco, uma estação quente e húmida, chuvosa e meses frios de inverno. A temperatura máxima sobe até $42,5^0$ C durante o verão e a temperatura mínima desce até $2,3^0$ C durante o inverno. A precipitação média anual é de cerca de 1000-1200 mm. Os dados meteorológicos relativos às condições climáticas que prevaleceram durante o período de experimentação são apresentados no Apêndice-1.

3.1.3. Recolha de amostras de solo

Antes do início da experiência, foram recolhidas amostras compostas de solo a 015 cm de profundidade nos locais experimentais com a ajuda de um trado de parafuso. O procedimento seguido para a análise do solo relativamente a várias propriedades físico-químicas e os resultados obtidos são apresentados no Quadro 1.

Placa 1. Vista geral do campo experimental

Tabela 1. Propriedades físico-químicas do solo do pomar experimental

	Particulars	**Contents**	**Method used**
A.	**Mechanical analysis**		
	Sand (%)	65.80	International pipette method (Piper, 1966).
	Silt (%)	20.30	
	Clay (%)	13.90	
B.	**Chemical analysis**		
	Soil pH	6.50	1:2.5 soil water suspension method, Glass Electrode pH meter (Jackson, 1967).
	Organic carbon (%)	0.50	**Walkley and Black's rapid titration** method method (Walkley and Black, 1934).
	Electrical conductivity (dS^{-1})	0.15	1:2.5 soil water suspension method, Systronic conductivity meter (Jackson, 1973).
	Available Nitrogen (Kg ha^{-1})	174.50	Alkaline potassium permanganate method (Subbiah and Asija, 1956).
	Available Phosphorus (Kg ha^{-1})	15.80	Extraction with 0.5 M $NaHCO_3$ (pH 8.5) and development of colour by stannous chloride reduced ammonium molybdate method (Olsen *et al.*, 1954).
	Available Potassium (Kg ha^{-1})	140.00	Ammonium acetate (1N) extraction and determination using Flame Photometer (Jackson, 1973).

Os dados apresentados no quadro 1 indicam que a textura do solo era franco-arenosa. O N, o P e o K disponíveis situavam-se numa gama média. A reação do solo era ligeiramente ácida-neutra.

3.2. PORMENORES EXPERIMENTAIS

3.2.1. Detalhes do tratamento

COBERTURA VEGETAL DE POLIETILENO PRETO

COBERTURA MORTA DE POLIETILENO BRANCO

COBERTURA MORTA DE PALHA DE ARROZ

Placa 2. Árvores de Aonla sob polietileno preto, polietileno branco e cobertura morta de palha de arroz

PÓ DE SERRA

SARKANDA MULCH

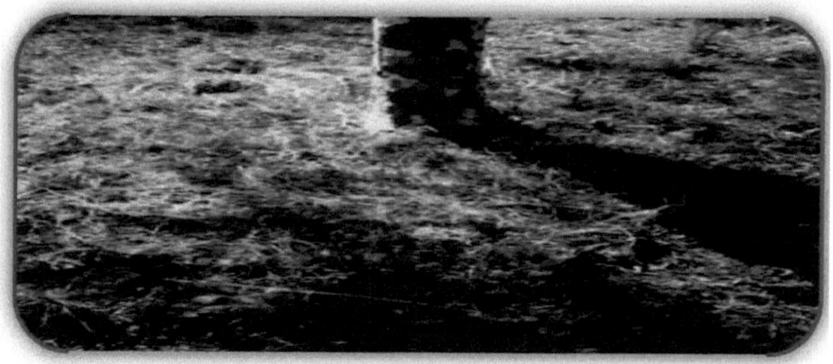

COBERTURA DE RELVA SECA

Placa 3. Árvores de Aonla sob serradura, sarkanda e cobertura morta de erva seca

Os pormenores experimentais relativos ao tratamento do material de cobertura vegetal adotado durante a presente investigação são apresentados a seguir:

Treatments	Mulching material
T_1	Black polythene
T_2	White polythene
T_3	Paddy straw
T_4	Saw dust
T_5	Sarkanda
T_6	Dry grass
T_7	Control (no mulching).

3.2.2. Plano de implantação da experiência

Nome da cultivar: NA-7

Número de tratamentos: 7

Número de repetições: 4

Número total de plantas: 7 x 4 = 28

Desenho experimental: Desenho de blocos aleatórios

Vinte e oito árvores foram selecionadas para o estudo e dispostas em blocos experimentais aleatórios com uma árvore por tratamento replicada quatro vezes. A aplicação dos tratamentos foi efectuada durante a estação da primavera, a saber, 19th fevereiro de 2013. Durante o curso do estudo, todas as árvores receberam operações culturais uniformes, de acordo com o pacote de práticas para culturas de frutas da SKUAST-Jammu.

3.3. OBSERVAÇÕES REGISTADAS

3.3.1. ESTUDOS MORFOLÓGICOS

3.3.1.1. Caraterísticas de crescimento vegetativo

3.3.1.1.1. Altura da árvore

A altura da árvore de aonla cv. NA-7 foi calculada em 18th fevereiro de 2013 antes do início da experiência e novamente em 18th novembro de 2013 nove meses após os tratamentos de mulching. O aumento da altura da árvore foi calculado e expresso em metros (m). A altura da árvore foi registada com a ajuda de uma vara de bambu marcada desde a superfície do solo até à altura máxima atingida pela planta e a altura média foi calculada e expressa em metros.

3.3.1.1.2. Distribuição das árvores (este-oeste e norte-sul)

A propagação da árvore da aonla cv. NA-7 foi calculada uma vez antes do início da experiência, ou seja, 18th fevereiro de 2013, e novamente nove meses após os tratamentos de mulching, ou seja, 18th novembro de 2013. O aumento da propagação da árvore foi calculado e expresso em metros (m). A propagação da árvore foi medida colocando a vara de bambu marcada horizontalmente com a árvore de leste-oeste e norte-sul e a propagação média foi calculada e expressa em metros.

3.3.1.1.3. Volume da árvore

O volume da árvore de aonla cv. NA-7 foi calculado em 18th fevereiro de 2013, antes do início da experiência, e novamente em 18th novembro de 2013, nove meses após os tratamentos de mulching. O aumento do volume da árvore foi calculado e expresso em metros cúbicos (m^3). O volume da árvore foi calculado a partir da altura e da extensão da árvore, utilizando a seguinte fórmula :

Volume (v) = 4/3 7ir2h

Onde,

r = dispersão das árvores no sentido este-oeste (m) e norte-sul (m).

h = Altura da árvore (m)

7t = 3.14

3.3.1.2 Comportamento na floração

Quatro rebentos em quatro direcções (este, oeste, norte e sul) de todos os tratamentos foram marcados durante fevereiro de 2013 e estes rebentos foram estudados quanto ao padrão de floração.

3.3.1.2.1 Data do início da floração

O primeiro aparecimento de uma flor num ramo foi considerado como a data de início da floração. As observações foram registadas regularmente nos ramos marcados.

3.3.1.2.2 Número de flores por ramo (flor masculina : flor feminina)

O rácio de flores masculinas e femininas de cada tratamento foi determinado em ramos marcados até 8 cm da base.

3.3.1.2.3 Data da plena floração

O dia em que mais de 70% das flores estavam abertas foi considerado como data de plena floração. O registo foi feito por data para cada tratamento.

3.3.1.2.4 Data do fim da floração

A data do fim da floração foi registada quando quase todas as flores de uma árvore se abriram e depois não houve mais floração.

3.3.1.2.5. Duração da floração

A duração da floração foi calculada contando o número total de dias necessários desde o início da floração até ao fim da floração.

3.3.1.2.6. Data de maturação dos frutos

Os frutos dos diferentes tratamentos amadureceram em datas diferentes depois de terem atingido uma densidade superior a 1 e transparência na polpa, tendo as datas correspondentes sido registadas em conformidade.

3.3.1.2.7. Dias decorridos desde a plena floração até à maturação

Os dias decorridos desde a plena floração até à maturação foram calculados contando o número total de dias necessários desde a plena floração até à maturação para cada tratamento.

3.3.1.3. Atributos de rendimento

3.3.1.3.1. Por cento de frutificação

Durante o desenvolvimento dos frutos, o número de frutos nos ramos marcados foi contado para determinar a percentagem de frutificação. A percentagem de frutificação foi calculada utilizando a seguinte fórmula :

$$\text{Fruit set (\%)} = \frac{\text{Total Number of fruit set}}{\text{Total Number of female flowers}} \times 100$$

3.3.1.3.2. Percentagem de queda de frutos

Registou-se o número de frutos presentes nos ramos selecionados aleatoriamente das árvores no momento da frutificação e registou-se o número de frutos retidos nesses ramos até à maturidade. Os dados registados foram expressos em percentagem de queda de frutos.

$$\text{Fruit drop (\%)} = \frac{\text{Initial fruit set-Final fruit retention}}{\text{Initial fruit set}} \times 100$$

3.3.1.3.3. Rendimento por planta

O número total de frutos em cada repetição foi contado. A contagem foi feita duas a três vezes para minimizar o erro de contagem. Os frutos colhidos de cada árvore foram pesados numa balança eletrónica. A carga vegetal retirada da árvore durante a época de colheita de 2013 foi registada como rendimento por árvore e expressa em kg/planta.

3.3.4. CARACTERÍSTICAS FÍSICO-QUÍMICAS

3.3.4.1. Caraterísticas físicas

Para estudar as várias caraterísticas físicas, foram retirados aleatoriamente dez frutos de cada tratamento em cada repetição.

3.3.4.1.1. Peso do fruto

O peso de dez frutos selecionados ao acaso de cada tratamento de cada repetição foi medido em balança eletrónica. Posteriormente, o peso médio dos frutos foi calculado e expresso em gramas (g).

3.3.4.1.2. Comprimento do fruto

O comprimento de dez frutos colhidos ao acaso sob diferentes materiais de cobertura vegetal de cada repetição foi medido com um paquímetro. O comprimento médio foi calculado e expresso em centímetros (cm).

3.3.4.1.3. Largura do fruto

A largura dos frutos de dez frutos de cada repetição, que foram selecionados anteriormente, foi medida utilizando um compasso de calibre vernier. O diâmetro médio foi calculado e expresso em centímetros (cm).

3.3.4.1.4. Volume do fruto

O volume dos frutos foi medido pelo método de deslocamento de água. A média de dez frutos de cada repetição foi calculada e expressa em centímetro cúbico (cm^3).

3.3.4.1.5. Peso fresco de pasta e de pedra

Na maturidade adequada, a polpa de dez frutos selecionados foi separada do caroço utilizando uma faca afiada de aço inoxidável. Os pesos da polpa e do caroço foram medidos separadamente numa balança eletrónica digital. O peso médio da polpa e do caroço de cada tratamento foi expresso em gramas (g).

3.3.4.1.6. Peso seco da polpa

As mesmas amostras de peso fresco de polpa foram mantidas na estufa para secar a uma temperatura de 60°C durante 48 horas. O peso seco da polpa do fruto foi registado separadamente com a ajuda de uma balança eletrónica. O peso seco médio de cada réplica foi expresso em gramas (g).

3.3.4.1.7. Gravidade específica

A gravidade específica dos frutos foi calculada pela seguinte fórmula:

$$\text{Specific gravity} = \frac{\text{Weight of fruit (g)}}{\text{Volume of fruit (cc)}}$$

3.3.4.1.8. Rácio pasta: pedra

O rácio polpa: caroço foi calculado utilizando o valor médio do peso da polpa e do caroço.

3.3.4.2 Caraterísticas bioquímicas

3.3.4.2.1 Sólidos solúveis totais

Os sólidos solúveis totais (SST) do sumo de fruta foram registados com a ajuda de um refratómetro manual Erma (0-32^0 B), de acordo com o procedimento padrão indicado na AOAC (1994), em termos de graus Brix (^{0} B) à temperatura ambiente. Foi aplicada uma tabela de correção da temperatura quando as leituras foram efectuadas a uma temperatura diferente de 20^0 C. O refratómetro foi calibrado com água destilada antes da utilização.

3.3.4.2.2. Acidez Titulável

A acidez titulável da aonla cv. NA-7 foi determinada de acordo com o método de Ranganna (1986).

Reagentes

a) Hidróxido de sódio (0,1N)
b) Indicador de fenolftaleína (1%)

Extração

Cinco gramas de amostra foram misturados e bem misturados num pilão e num almofariz. Pesar o material despolpado, adicionar água destilada e ferver durante uma hora, repondo a água perdida por evaporação. Arrefeceu-se e transferiu-se para um balão volumétrico, completou-se o volume para 10 ml e filtrou-se com papel de filtro Whatman-1.

Procedimento

Pipetaram-se 10 ml de sumo filtrado para um erlenmeyer e diluíram-se para 100 ml com água destilada. Deste sumo diluído, foram retirados 10 ml e adicionadas algumas gotas de solução de fenolftaleína a 1% como indicador. Esta solução foi titulada com uma solução de NaOH a 0,1% até que uma gota de NaOH produzisse uma coloração cor-de-rosa persistente durante pelo menos 30 segundos ou mais. Os resultados foram calculados em percentagem de acidez em termos de ácido cítrico.

Cálculo

$$\text{Acidity (\%)} = \frac{\text{Titre value x normality of alkali x volume made x equivalent wt. of acid}}{\text{Volume of sample taken x weight of sample x 1000}} \times 100$$

3.3.4.2.3. Relação SST : ácido

O rácio SST : ácido foi obtido dividindo o valor de SST de uma amostra pelo seu respetivo teor de ácido (%).

3.3.4.2.4. Açúcares

Os açúcares foram calculados colocando 20 ml de sumo de fruta num balão volumétrico de 250 ml e adicionando-lhe uma pequena quantidade de água destilada. A acidez do sumo de fruta foi neutralizada pela adição de NaOH N/10, utilizando fenolftaleína como indicador, até ao aparecimento de uma cor rosa na solução. As matérias estranhas foram precipitadas com a ajuda de acetato de chumbo a 45% e o excesso de acetato de chumbo foi removido com oxalato de potássio a 22%, tendo o volume final sido completado para 250 ml com água destilada e filtrado com papel de filtro Whatman-1:

3.3.4.2.4.1 Açúcares totais

A 100 ml de uma alíquota sem chumbo, foram adicionados 20 ml de HCl a 50% e mantidos durante 24 horas à temperatura ambiente. Depois disso, foi neutralizado com NaOH (NaOH a 10% na fase inicial e NaOH a 0,1N perto do ponto de neutralização), o volume final foi aumentado para 250 ml com água destilada e titulado contra a solução padrão de Fehling A e B (5 ml cada) na presença de azul de metileno como indicador até obter uma cor vermelho tijolo no ponto final. Os açúcares totais foram expressos em percentagem.

$$\text{Total sugars (\%)} = \frac{\text{Factor x Dilution}}{\text{Aliquot used x Sample weight}} \times 100$$

3.3.4.2.2.1. Reduzir os açúcares

Os açúcares redutores da solução isenta de chumbo foram estimados por titulação com soluções padrão de Fehling A e B em ebulição (5 ml cada), utilizando azul de metileno como indicador, até se obter uma cor vermelho-tijolo no ponto final. Os açúcares redutores foram expressos em percentagem.

$$\text{Reducing sugars (\%)} = \frac{\text{Factor x Dilution}}{\text{Aliquot used x Sample weight}} \times 100$$

3.3.4.2.4.3. Açúcares não redutores

Os açúcares não redutores foram expressos em percentagem. Os açúcares não redutores foram calculados do seguinte modo

Açúcares não redutores (%) = (Açúcares totais - Açúcares redutores) x fator

3.3.4.2.5 Ácido ascórbico

O ácido ascórbico foi estimado pelo método da AOAC (1994).

Reagentes

Corante indofenol (0,04%): Pesar 40 mg de 2, 6-diclorofenol indofenol sódico. Adicionaram-se 150 ml de água destilada quente. De seguida, adicionar 42 ml de bicarbonato de sódio. Arrefeceu-se o conteúdo até 200 ml com água destilada e guardou-se no frigorífico.

Ácido metafosfórico (3%): Dissolver 30 g de ácido metafosfórico em água e aumentar o volume para 1000 ml.

Ácido ascórbico padrão (0,1%): Dissolver 100 mg de ácido ascórbico em 100 ml de ácido oxálico. Diluir 10 ml para 100 ml com ácido metafosfórico (1 ml=0,1 mg de ácido ascórbico).

Padronização do corante: Tomar 5 ml de ácido ascórbico padrão e adicionar 5 ml de HPO3. Encher uma microbureta com corante. Titular contra a solução de corante até obter uma cor rosa claro e determinar o equivalente do corante.

Equivalente de corante = 0,5/Titro

Procedimento

O ácido ascórbico foi extraído da polpa por maceração de 10 g de amostra com ácido metafosfórico a 3 %. O extrato foi filtrado e o volume completado para 100 ml. Titulou-se 10 ml da alíquota com um corante padronizado (2,6 diclorofenol indofenol) até ao aparecimento da cor rosa claro no ponto final. Os resultados foram expressos em mg/100 g de peso do fruto.

Cálculo

$$\text{Ascorbic acid (mg/100 g)} = \frac{\text{Titre x dye equivalent. x dilution}}{\text{Weight of sam}} \times 100$$

3.3.4.2.6. Teor de clorofila

ple (g)

O teor de clorofila nas folhas de aonla cv. foi determinado com o medidor de clorofila SPAD-502 fabricado pela Konica Minalta Sensing, Inc., Japão. Japão. Os dados foram expressos em percentagem.

3.3.5. Controlo de ervas daninhas

3.3.5.1. Número de infestantes/m^2

No mês de novembro, foram fixados aleatoriamente quadrantes permanentes de um metro quadrado na bacia de cada tratamento e registados os números de ervas daninhas por metro quadrado.

3.3.5.2. Peso das ervas daninhas

Após a contagem das ervas daninhas, estas foram recolhidas de cada parcela. Em seguida, o peso fresco das ervas daninhas foi registado imediatamente após a remoção. O peso seco foi registado após a secagem das ervas daninhas numa estufa a 65° C durante 48 horas. Os resultados foram expressos como peso seco em gramas.

3.3.6. Análise económica

A economia da utilização de diferentes materiais de cobertura morta num pomar de aonla da cv. NA-7 foi calculada através do cálculo dos rendimentos líquidos de cada tratamento. Os rendimentos líquidos obtidos com os diferentes tratamentos foram também comparados com o controlo, ou seja, sem mulching. Nesta análise, apenas o custo dos tratamentos com diferentes materiais de cobertura e práticas de gestão cultural foi considerado para estimar o custo. Este custo inclui os custos de material e de mão de obra do tratamento. Assim, os retornos líquidos baseiam-se nos seguintes componentes.

i) Custo do tratamento

O custo incorrido em cada tratamento por hectare foi calculado tendo em consideração o custo dos factores de produção variáveis, nomeadamente, fertilizantes, preparação da bacia, cobertura morta, irrigação, medidas de proteção das plantas, colheita, custo da mão de obra, etc.

Custo variável (Vc) = ... C1+C2+Cn

ii) Rendimento bruto

O rendimento bruto foi calculado multiplicando a produção de frutos por hectare para um determinado tratamento pelo preço de venda dos frutos.

Rendimento bruto (RB) = rendimento dos frutos x preço de venda

A fim de avaliar o tratamento mais rentável, foi efectuada uma análise económica dos tratamentos em termos de rendimentos líquidos e da relação custo/benefício (B:C). Os rendimentos líquidos e o rácio B:C foram calculados da seguinte forma:

Os rendimentos líquidos foram calculados deduzindo o custo de cultivo do rendimento bruto.

Rendimento líquido = Rendimento bruto - Custo do tratamento

$$\text{B : C ratio} = \frac{\text{Gross present value of income (B)}}{\text{Gross present value of cost (C)}}$$

3.3.7. Análise estatística

Os dados registados para as caraterísticas de crescimento, floração, frutificação e qualidade da aonla cv. NA-7 durante 2013-14 foram analisados estatisticamente de acordo com o método descrito por (Panse e Sukhatme, 1989). A significância dos efeitos do tratamento foi testada através da razão de variância e a significância da diferença entre quaisquer duas médias foi julgada com a diferença crítica (C.D) a um nível de significância de 5 por cento, que foi trabalhada de acordo com a seguinte fórmula:

$$\text{S.E. } (\pm) = \sqrt{2VE/r}$$

C.D. = (S.E) Diferença, x 't' a 5%

Onde,

E.E.=Erro Padrão

V.E.=Erro médio quadrático

r=Replicação

t = o valor da tabela (t) para os graus de liberdade do erro a um nível de probabilidade de 5

CAPÍTULO 4

Resultados

A experiência intitulada "Efeito de materiais de cobertura vegetal no crescimento das árvores, na produção e na qualidade dos frutos de aonla (Emblica officinalis Gaertn.) cv. NA-7 em condições de sequeiro em Jammu" foi realizada na subestação de investigação de sequeiro para frutos subtropicais (RRSS), Raya, da Universidade de Ciências e Tecnologias Agrícolas de Sher-e-Kashmir, em Jammu. Os resultados dos estudos actuais são apresentados neste capítulo com a ajuda de quadros adequados.

4.1. ESTUDOS MORFOLÓGICOS

4.1.1. Caraterísticas de crescimento vegetativo

4.1.1.1. Altura da árvore

A leitura dos dados apresentados no Quadro 1 revelou que houve um aumento na altura da árvore com todos os tratamentos de mulching e variou de 0,55 m a 0,31 m. O aumento máximo na altura da árvore de 0,55 m foi registado no mulch de polietileno preto e foi significativamente maior em comparação com todos os outros tratamentos, enquanto que o aumento mínimo na altura da árvore de 0,31 m foi registado em árvores não mulch e foi a par com o aumento na altura da árvore observado no mulch de sarkanda (0,33 m) e mulch de erva seca (0,35 m).

4.1.1.2. Propagação das árvores

É evidente a partir dos dados apresentados no Quadro 2 que o aumento da propagação das árvores nas direcções norte-sul e este-oeste não foi significativamente afetado pelos diferentes tratamentos de mulching, no entanto, variou de 0,18 m no tratamento de controlo a 0,23 m sob mulch de polietileno preto para a propagação norte-sul e de 0,13 m no tratamento de controlo a 0,17 m sob mulch de polietileno preto para a propagação este-oeste. As diferenças entre os diferentes tratamentos não atingiram o nível de significância.

4.1.1.3. Volume da árvore

Os dados relativos ao efeito dos diferentes tratamentos de mulching no aumento do volume das árvores são apresentados no Quadro 3. O aumento do volume das árvores foi significativamente afetado pelos diferentes tratamentos de mulching. O aumento máximo do volume da árvore de 11,11 m^3 foi registado sob mulch de polietileno preto e foi igual ao aumento do volume da árvore registado com mulch de palha de arroz e mulch de pó de serra com valores respectivos de 10,68 m^3 e 9,95 m^3 enquanto que o aumento mínimo do volume da árvore (7,38 m^3) foi registado sob árvores não mulch e foi igual ao aumento do volume da árvore de 8,17 m^3 observado sob mulch de sarkanda.

4.1.2. Comportamento na floração

Os dados relativos ao comportamento da floração das árvores de aonla, influenciado por diferentes tratamentos de mulching, são apresentados nos quadros 4 e 5.

4.1.2.1. Data da primeira floração

A leitura dos dados apresentados no Quadro 4 revelou que a floração começou mais cedo, ou seja, a 11th de abril com a cobertura de polietileno preto, que foi seguida de perto por 12th de abril tanto para a palha de arroz como para a cobertura de pó de serra. A data da primeira floração foi atrasada em 04 dias no tratamento de controlo, em comparação com o mulch de polietileno preto.

4.1.2.2. Data do fim da floração

Os dados relativos ao efeito da cobertura morta no fim da floração são apresentados no Quadro 4. Os resultados indicam que os diferentes tratamentos de cobertura vegetal têm um efeito pronunciado na ocorrência do fim da floração. Entre os diferentes tratamentos, o controlo sem mulching, a sarkanda e o polietileno branco foram os primeiros a completar a fase de floração (1st maio), seguidos do pó de serra e da erva seca (2nd maio). A data do fim da floração foi atrasada com a cobertura de polietileno preto (4th maio) e a cobertura de palha de arroz (3rd maio).

4.1.2.3. Duração da floração

A duração da floração em resposta aos diferentes tratamentos de cobertura variou consideravelmente. As plantas sob cobertura morta de polietileno preto levaram o número máximo de dias, ou seja, 23 dias, para completar a sua fase de floração, seguidas de palha de arroz (21 dias) e pó de serra (20 dias). As plantas sob erva seca e sarkanda levaram 19 e 18 dias, respetivamente, para completar a fase de floração. O tratamento com cobertura morta de polietileno branco levou 17 dias para completar a floração, enquanto as plantas sob controlo levaram um número mínimo de dias, ou seja, 16 dias para completar a floração.

4.1.2.4. Rácio floral macho/fêmea

Pode ser óbvio a partir dos dados apresentados no Quadro 4 que a cobertura morta de polietileno preto resultou na menor razão de flores masculinas: femininas de 22,17: 1, seguida de árvores com cobertura morta de palha de arroz e cobertura morta de polietileno branco com razão de flores masculinas: femininas de 22,96: 1 e 23,03: 1, respetivamente. O rácio máximo de flores masculinas: femininas de 25,04: 1 foi encontrado em árvores sem mulch.

4.1.2.5. Floração completa

Os dados relacionados com o efeito da cobertura vegetal na plena floração são apresentados no Quadro 5. O resultado mostrou que a floração plena mais precoce foi observada em 25th de abril sob cobertura de polietileno preto, seguida por 26th de abril sob palha de arroz e 27th de abril para ambas as coberturas de pó de serra e erva seca. A ocorrência da plena floração foi atrasada em sarkanda e polietileno branco até 28th de abril. As árvores não mulchadas foram as últimas a mostrar plena floração em 29th abril.

4.1.2.6. Data de vencimento

Os dados relativos ao efeito da cobertura morta na data de maturação dos frutos da aonla cv. NA-7 são apresentados no Quadro 5. Os dados mostram que a maturação dos frutos foi observada mais cedo na cobertura de polietileno preto (15th dezembro), seguida pela cobertura de palha de arroz (20th dezembro), pó de serra (22nd dezembro), erva seca (23rd dezembro), cobertura de sarkanda (25th dezembro) e cobertura de polietileno branco (26th dezembro). Os frutos das árvores sem mulch foram os últimos a amadurecer em 30th de dezembro.

4.1.2.7. Dias decorridos desde a plena floração até à maturidade

Os dados relativos aos dias decorridos desde a plena floração até à maturação das plantas de aonla cv. NA-7 sob várias coberturas vegetais são apresentados no Quadro 5. O menor número de dias desde a plena floração até à maturidade foi registado sob cobertura de polietileno preto (234 dias), seguido de cobertura de palha de arroz (238 dias) e cobertura de serradura (239 dias). O número máximo de dias desde a plena floração até à maturidade foi registado em árvores sem mulch (245 dias).

4.1.3. Atributos de rendimento

4.1.3.1. Por cento de frutificação

Os dados relativos ao efeito dos materiais de cobertura vegetal na frutificação da aonla cv. NA-7 são apresentados no Quadro 6 e revelam que os materiais de cobertura vegetal exerceram um efeito significativo na frutificação da aonla. A frutificação máxima (56,15%) foi registada em árvores sob mulch de polietileno preto, seguida de 55,42% registada em árvores sob mulch de palha de arroz. A frutificação mínima de 51,86% foi registada em árvores sem mulch. A frutificação nos outros tratamentos foi de 55,22% na cobertura morta de serradura, 54,29% na cobertura morta de sarkanda, 53,21% na cobertura morta de polietileno branco e 52,79% na cobertura morta de erva seca.

4.1.3.2. Percentagem de queda de frutos

A análise dos dados apresentados no quadro 6 indica que os diferentes tratamentos de cobertura vegetal tiveram um efeito significativo na queda de frutos das árvores de aonla. A cobertura morta de polietileno preto reduziu significativamente a queda de frutos e registou a menor queda de frutos de 55,87%. As árvores não mulch registaram a queda de frutos mais elevada de 59,01 %, seguida de 58,32 % em mulch de erva seca, 57,91 % em mulch de sarkanda, 57,03 % em mulch de polietileno branco, 56,93 % em mulch de serradura e 56,21 % em mulch de palha de arroz.

4.1.3.3. Rendimento

Os dados apresentados no quadro 6 mostram claramente que a produção máxima de frutos de 72,77 kg/planta foi registada sob cobertura de polietileno preto, o que é significativamente mais elevado em comparação com todos os outros tratamentos. A produção de frutos sob as coberturas de pó de serra, polietileno branco, erva seca e sarkanda variou entre 70,03 e 67,34 kg/planta e foi significativamente diferente uma da outra. A produção mínima de frutos de 63,76 kg/planta foi registada em árvores sem mulch.

4.2. CARACTERÍSTICAS FÍSICO-QUÍMICAS

4.2.1. Caracteres físicos

Os dados relativos ao efeito dos diferentes tratamentos de cobertura vegetal nos caracteres físicos dos frutos de aonla são apresentados nos quadros 7 e 8.

4.2.1.1. Peso do fruto

É óbvio a partir dos dados do Quadro 7 que o peso máximo dos frutos de 41,46 g foi registado sob mulch de polietileno preto, seguido de perto por 40,27 g sob mulch de palha de arroz e 39,30 g sob mulch de pó de serra. O peso mínimo dos frutos de 36,47 g foi observado sob árvores não mulch e foi igual ao peso dos frutos registado sob sarkanda, erva seca e mulch de polietileno branco com valores respectivos de 37,52 g, 38,15 g e 38. 57 g.

4.2.1.2. Comprimento do fruto

A leitura dos dados apresentados no Quadro 7 revelou que o comprimento dos frutos foi significativamente afetado pelos diferentes tratamentos de mulching e variou de 3,73 a 3,26 cm em todos os tratamentos de mulching. O polietileno preto resultou num comprimento máximo de fruto de 3,73 cm, seguido de perto pelo comprimento de fruto de 3,61 cm sob a cobertura de palha de arroz, que foram iguais entre si. O comprimento mínimo de fruto de 3,26 cm foi registado em árvores não mulch e foi igual ao comprimento de fruto registado sob mulch de sarkanda e mulch de erva seca, registando um comprimento de fruto de 3,34 cm e 3,37 cm, respetivamente.

4.2.1.3. Diâmetro do fruto

É óbvio, a partir dos dados apresentados no Quadro 7, que o tratamento com mulch de polietileno preto mostrou um diâmetro de fruto significativamente mais elevado de 4,42 cm, em comparação com as árvores não mulchadas, onde se observou um diâmetro de fruto de 4,15 cm. A cobertura morta de palha de arroz foi o segundo melhor tratamento para melhorar o diâmetro dos frutos, resultando num diâmetro de frutos de 4,35 cm.

4.2.1.4. Volume do fruto

Os dados sobre o efeito dos materiais de cobertura no volume de frutos da aonla apresentados na Tabela 7 revelam que os materiais de cobertura exerceram um efeito significativo no volume de frutos da aonla cv. NA-7. O volume máximo de frutos de 39,80 cm^3 foi registado sob mulch de polietileno preto e foi igual ao volume de frutos registado sob mulch de palha de arroz, onde se observou um volume de frutos de 37,68 cm^3 e ambos os tratamentos resultaram num maior volume de frutos em comparação com todos os outros tratamentos. O volume mínimo de frutos de 28,52 cm^3 foi registado em árvores não mulchadas.

4.2.1.5. Gravidade específica

A leitura dos dados apresentados na Tabela 7 mostrou que os materiais de cobertura exerceram um efeito significativo na gravidade específica da aonla cv. NA-7. A gravidade específica máxima de 1,27 foi observada no controlo, seguida de 1,25 na cobertura morta de sarkanda, 1,19 na cobertura morta de erva seca, 1,15 na cobertura morta de polietileno branco, 1,10 na cobertura morta de pó de serra e 1,06 na cobertura morta de palha de arroz (1,06). A gravidade específica mais baixa, de 1,04, foi encontrada sob cobertura de polietileno preto.

4.2.1.6. Peso fresco da polpa

Os dados sobre o efeito dos materiais de cobertura no volume do fruto da aonla, apresentados no Quadro 8, revelam que os materiais de cobertura exerceram um efeito significativo no peso fresco da polpa do fruto da aonla. O peso fresco máximo da polpa, isto é, 39,57 g/fruto, foi registado sob a cobertura morta de polietileno preto e foi igual ao peso fresco da polpa registado sob a cobertura morta de palha de arroz e sob a cobertura morta de serradura, onde se observou um peso fresco da polpa de 38,39 g/fruto e 37,43 g/fruto, respetivamente. O peso fresco mínimo da polpa de 34,62 g/fruto foi registado sob árvores não mulchadas.

4.2.1.7. Peso seco da polpa

É óbvio, a partir dos dados apresentados no Quadro 8, que o peso seco máximo da polpa foi registado no mulch de polietileno preto (6,03 g/fruto) e foi significativamente mais elevado em comparação com todos os outros tratamentos. O peso seco mínimo da polpa foi obtido no controlo (5,49 g/fruto).

4.2.1.8. Peso da pedra

É óbvio, a partir do Quadro 8, que o efeito dos vários tratamentos de cobertura vegetal no peso do caroço não foi significativo. Contudo, o peso máximo do caroço foi registado na cobertura morta de polietileno preto (1,89 g/fruto), seguido de palha de arroz e polietileno branco (1,88 g/fruto cada). O peso mínimo do caroço de 1,85 g foi registado em árvores sem mulch.

4.2.1.9. Rácio pasta/pedra

A partir da leitura dos dados apresentados no Quadro 8, é evidente que foi registada uma diferença significativa na relação polpa: pedra entre os diferentes tratamentos de cobertura. Foi observado um rácio polpa/pedra significativamente mais elevado de 20,94 no mulch de polietileno preto em comparação com todos os outros tratamentos. O rácio polpa/pedra mínimo de 18,71 foi registado em árvores sem mulch.

4.2.2. Caracteres químicos

Os dados relativos ao efeito dos diferentes tratamentos de mulching nos caracteres químicos da aonla cv. NA-7 são apresentados nos quadros 9, 10 e 11.

4.2.2.1. Sólidos solúveis totais

A partir da leitura dos dados apresentados no Quadro 9, é evidente que o polietileno preto aumentou significativamente o SST dos frutos para 10,73^0 Brix, em comparação com todos os restantes tratamentos. No entanto, o tratamento sem mulch produziu os frutos com um SST mínimo (9,70^0 Brix), o que também não mostrou diferença significativa com o mulch de sarkanda.

4.2.2.2. Acidez titulável

É evidente a partir do Quadro 9 que as árvores não mulch registaram uma acidez mais elevada de 1,92 %, seguida de 1,85 % no mulch de sarkanda, 1,83 % no mulch de polietileno branco, 1,77 % no mulch de erva seca, 1,74 % no mulch de serradura e 1,06 no mulch de palha de arroz (1,06). A acidez titulável mínima de 1,64% foi observada no tratamento com cobertura morta de polietileno preto.

4.2.2.3. TSS : rácio de acidez

É óbvio a partir dos dados (Quadro 9) que o tratamento com polietileno preto registou uma relação SST: ácido significativamente mais elevada (6,54) em comparação com todos os restantes tratamentos. No entanto, as árvores sem mulch registaram a relação SST: ácido mínima de 5,05.

4.2.2.4. Açúcares totais

Uma leitura dos dados relativos aos açúcares totais apresentados no Quadro 10 revelou que todos os tratamentos apresentaram diferenças significativas entre si. O máximo de açúcares totais de 5,71 % foi registado sob cobertura de polietileno preto, que foi significativamente superior a outros tratamentos viz., palha de arroz (5,64 %), pó de serra (5,59 %) e erva seca (5,46 %), cobertura de polietileno branco (5,41 %) e sarkanda (5,39 %), enquanto que as árvores não mulch resultaram num mínimo de açúcares totais nos frutos (5,33 %).

4.2.2.5. Reduzir os açúcares

É evidente a partir do Quadro 10 que a cobertura morta de polietileno preto resultou num máximo de açúcares redutores de frutos de 3,42%, que foi significativamente mais elevado do que outros tratamentos de cobertura morta. Seguiram-se a cobertura de palha de arroz (3,38 %), a cobertura de pó de serra (3,35 %) e a cobertura de erva seca (3,26 %). Os açúcares redutores mínimos foram estimados no controlo (3,17%).

4.2.2.6. Açúcares não redutores

Os dados relativos aos açúcares não redutores apresentados no Quadro 10 mostram que a cobertura morta de polietileno preto registou os açúcares não redutores mais elevados (2,19 %), seguida de perto pela cobertura morta de palha de arroz (2,15 %), que se revelaram estatisticamente iguais entre si. No entanto, o teor mínimo de açúcares não redutores foi estimado no controlo (2,05 %).

4.2.2.7. Vitamina C

Uma leitura dos dados apresentados no Quadro 11 indica claramente que o tratamento com mulch de polietileno preto aumentou significativamente o teor de vitamina C (596,03 mg/100g de polpa) em comparação com os restantes tratamentos, enquanto que o teor mínimo de vitamina C foi estimado no controlo (578,23 mg/100g de polpa).

4.2.2.8. Clorofila

Os dados apresentados no quadro 11 indicam que o tratamento com mulch de polietileno preto apresentou um teor de clorofila significativamente mais elevado, de 36,90 %, em comparação com todos os restantes tratamentos. O teor mínimo de clorofila de 26,70 % foi registado no controlo. Todos os tratamentos apresentaram variações significativas entre si no que respeita ao teor de clorofila.

4.3. CONTROLO DE ERVAS DANINHAS

4.3.1. Número de ervas daninhas

O efeito dos materiais de cobertura vegetal no número de ervas daninhas é apresentado no Quadro 12. Foi observada uma redução significativa no crescimento das ervas daninhas com diferentes tratamentos de cobertura. Houve uma redução de 100% na população de ervas daninhas sob a cobertura de polietileno preto, em que se observou um número zero de ervas daninhas. A redução significativa na contagem de ervas daninhas também foi observada sob a cobertura de palha de arroz (82,00/m^2), cobertura de pó de serra (83,00/m^2), cobertura de sarkanda (85,00/m^2), cobertura de grama seca (86,66/m^2) e cobertura de polietileno branco (89,00/m^2) em comparação com o controle, onde a população de ervas daninhas foi registrada em 105,00 m^2 .

4.3.2. Peso fresco das ervas daninhas

Uma leitura dos dados (Quadro 12) indica claramente que o peso fresco das ervas daninhas sob cobertura de polietileno preto foi zero, uma vez que proporcionou uma percentagem de controlo das ervas daninhas de cem por cento. Observou-se um peso fresco significativamente mais baixo das ervas daninhas sob a cobertura de palha de arroz (70,10 g/m^2) e pó de serra (81,13 g/m^2) em comparação com o peso fresco das ervas daninhas sob a cobertura de sarkanda (93,33 g/m^2), cobertura de erva seca (105,00 g /m^2), cobertura de polietileno branco (138,33 g/m^2) e árvores não cobertas (173 g/m^2).

4.3.3. Peso seco das ervas daninhas

Os dados relativos ao peso seco das ervas daninhas (Quadro 12) mostraram que não se registou qualquer peso seco sob o mulch de polietileno preto, uma vez que o solo estava livre de crescimento de ervas daninhas. O menor peso seco de 2,09 g /m^2 foi observado sob cobertura de palha de arroz, seguido por cobertura de pó de serra (3,01 g /m^2) e cobertura de sarkanda (4,86 g /m^2). O peso seco das ervas daninhas sob erva seca (6,16 g /m^2) e coberturas de polietileno branco (7,10 g /m^2) também foi registado como significativamente inferior ao controlo. O peso seco máximo das ervas daninhas foi observado sob controlo (8,90 g /m^2).

4.4. Economia

Os dados sobre o custo de cultivo de aonla cv. NA-7 com diferentes materiais de cobertura apresentados na Tabela 13 revelaram que o custo total de cultivo foi maior (₹ 2566,60) nos tratamentos T1 e T2, ou seja, cobertura de polietileno preto e cobertura de polietileno branco, enquanto foi ₹ 2478,30 no tratamento (T7), ou seja, controle. Os custos incorridos na preparação da bacia (₹ 142,86), encargos trabalhistas (₹ 428,57), FYM (₹ 600,00), fertilizantes, ou seja, ureia, DAP e MOP (₹ 241,06), irrigação, proteção de plantas e encargos de colheita (₹ 853,57) foram encontrados para ser o mesmo. A única diferença foi o custo dos diferentes materiais de cobertura.

Os dados relativos aos rendimentos líquidos são apresentados no Quadro 14. É evidente a partir dos dados que os diferentes tratamentos de mulching influenciaram os retornos líquidos sobre o controlo. O polietileno preto deu retornos líquidos máximos (₹ 2672,84) e foi seguido por cobertura de palha de arroz (₹ 2297,50). Os retornos líquidos mínimos (₹ 1559,30) foram encontrados no controlo.

O quadro revelou ainda que o rácio benefício : custo (B : C) foi encontrado no máximo no tratamento com mulch de polietileno preto (1: 2,04) e no mínimo 1: 1,69 tanto no mulch de polietileno branco como no controlo.

CAPÍTULO 5

Discussão

No decurso da presente investigação, intitulada "Efeito de materiais de cobertura vegetal no crescimento das árvores, na produção e na qualidade dos frutos de aonla (Emblica officinalis Gaertn.) cv. NA-7 em condições de sequeiro em Jammu", foram observadas muitas variações significativas entre os diferentes materiais de cobertura vegetal. Neste capítulo, foram feitos esforços para atribuir as razões responsáveis pelas variações e também para estabelecer uma relação de causa e efeito à luz da literatura científica disponível, em apoio das conclusões da presente investigação.

5.1. ESTUDOS MORFOLÓGICOS

5.1.1. Carácter de crescimento vegetativo

A prática da utilização de folhas de plástico como cobertura vegetal tem registado um enorme aumento na produção de frutos em todo o mundo. Aumenta a capacidade de absorção de água e nutrientes na camada fértil superior do solo e reduz a evaporação. Mantém também uma temperatura ligeiramente mais elevada, o que pode ajudar essencialmente na absorção de nutrientes e aumentar a concentração de raízes na superfície do solo. O crescimento das árvores é grandemente influenciado pela utilização de diferentes materiais orgânicos e inorgânicos de cobertura vegetal, porque conservam a humidade do solo na zona radicular das árvores de fruto e ajudam na acumulação de matéria orgânica. A presença de humidade adequada no solo é vital para o crescimento das plantas, não só porque as plantas precisam de água para os seus processos fisiológicos mas também para a solubilidade dos nutrientes e a sua disponibilidade na solução do solo.

5.1.1.1. Altura da árvore

Observou-se que os diferentes materiais de cobertura vegetal têm um efeito significativo no aumento da altura das árvores de aonla. O aumento máximo em altura (0,55 m) foi registado sob polietileno preto, seguido de cobertura de palha de arroz (0,43 m), em comparação com o aumento mínimo em altura (0,31 m) registado sob árvores sem cobertura (Quadro 1). O aumento da altura nos presentes estudos pode ser atribuído a melhores regimes hidrotérmicos, melhor conservação da humidade e supressão do crescimento de ervas daninhas e maior disponibilidade de nutrientes sob o tratamento de mulch de polietileno preto do que outros mulches (Singh e Sethi, 1967; Perfitt e Stott, 1984). Gupta e Acharya (1993) referiram que a cobertura morta de polietileno preto induziu um maior crescimento das raízes, o que favoreceu um maior crescimento dos rebentos e aumentou o potencial de absorção de nutrientes. O aumento da altura das plantas com a cobertura morta de polietileno preto também foi registado em citrinos (Bredwell, 1974), romã (Chattopadhyay e Patra, 1992), maçã (Thakur et al., 1997; Rana, 1998), tangerina de Nagpur (Gaikwad et al., 2002), morango (Sharma e Khokhar, 2006; Bakshi et al., 2014), goiaba (Das et al., 2010) e lima ácida (Shirgure, 2012). No entanto, Singh et al. (2010) relataram que a cobertura morta de palha de arroz aumentou a altura das plantas de aonla em relação ao controlo.

5.1.1.2. Propagação das árvores

Não houve variação significativa entre os diferentes tratamentos de mulching no que respeita à propagação das plantas. No entanto, verificou-se um aumento máximo da propagação nas direcções este-oeste e norte-sul com o mulch de polietileno preto e um aumento mínimo da propagação nas direcções este-oeste e norte-sul com o controlo (Quadro 2). Uma variação semelhante na propagação das plantas de manga foi observada por (Bal, 1995).

Pelo contrário, Chattopadhyay e Patra (1992) referiram que o mulch de polietileno preto aumentava a propagação das árvores de romã em relação ao mulch não utilizado. Da mesma forma, o aumento da propagação das plantas com polietileno preto também foi registado em aonla (Shukla et al., 2000), ber (Mukherjee et al., 2004) e morango (Bakshi et al., 2014).

5.1.1.3. Volume da árvore

Observou-se que os diferentes materiais de cobertura vegetal têm um efeito significativo no aumento do volume das árvores de aonla. O aumento máximo de volume (11,11 m^3) foi registado sob cobertura de polietileno preto, que se verificou ser igual à cobertura de palha de arroz. O aumento mínimo do volume da árvore de 7,38 m^3 foi registado no controlo (Quadro 3). A melhoria do volume da árvore em resultado da utilização de materiais de cobertura pode dever-se ao aumento da fotossíntese e de outras actividades metabólicas. O mulch de polietileno preto pode ter conservado a humidade e a temperatura do solo, bem como reduzido as perdas de nutrientes através da supressão da população de ervas daninhas. O volume das árvores sob o mulch de polietileno preto foi superior ao do mulch de polietileno branco, devido ao facto de o polietileno branco não ter sido capaz de suprimir a população de ervas daninhas em diferentes fases do crescimento das plantas. As coberturas orgânicas, para além de conservarem a humidade do solo, também acrescentam uma quantidade considerável de nutrientes após a decomposição. Por conseguinte, todas estas funções conduzem a um aumento do volume das árvores com cobertura morta em comparação com as árvores sem cobertura morta. Estes resultados estão em consonância com Hieke et al. (1997), que também verificaram que o mulch de plástico e o mulch de cloche aumentaram o volume dos pessegueiros em 47% e 23%, respetivamente, em comparação com o controlo. Do mesmo modo, Shirgure et al. (2003) também verificaram que o volume das árvores de tangerina de Nagpur era significativamente mais elevado com a utilização de cobertura morta de polietileno preto. Estes resultados estão de acordo com os de Bal e Singh (2011) e Shirgure (2012) em ber e cal ácida, respetivamente.

5.1.2. Comportamento na floração

5.1.2.1. Data de início da floração

Nos presentes estudos, a floração começou mais cedo com o polietileno preto (11th abril), seguido de perto pelo polietileno branco e pela palha de arroz (13th abril). O início da floração foi atrasado no controlo, que foi observado a 15th de abril (Quadro 4). A precocidade da floração deve-se provavelmente ao facto de as coberturas proporcionarem uma humidade e temperatura óptimas no solo, criando assim condições favoráveis ao crescimento e desenvolvimento das plantas. Os resultados também estão de acordo com Chattopadhyay e Patra (1992), que observaram que a floração da romã começava mais cedo sob a cobertura morta de polietileno preto, enquanto o lixo da banana atrasava a floração. Mandal e Chattopadhyay (1994) observaram que a floração da anona começava mais cedo com a cobertura morta de polietileno preto, seguida da cobertura morta de palha. Ali e Gaur (2007) referiram que o morangueiro demorava 53 dias a florir após a transplantação com cobertura morta de polietileno preto, 55,12 dias com palha de arroz e 58,18 dias no controlo. Também foram obtidos resultados semelhantes no morangueiro (Singh e Asrey, 2005), na baga (Singh, 2007) e no morangueiro (Singh et al., 2007).

5.1.2.2. Data do fim da floração

No presente estudo, a última data de fim da floração foi registada no mulching de polietileno preto, seguido do mulching de palha de arroz, enquanto o controlo, o mulching de sarkanda e o mulching de polietileno branco foram os primeiros a mostrar o fim da floração. Estas diferenças podem provavelmente dever-se a diferentes regimes hidrotérmicos do solo. Polard et al.

(1989) e Abbotty e Gough (1992) relataram uma melhor conservação da humidade e uma temperatura do solo mais elevada com a utilização de mulch de polietileno preto do que com outros mulches. Estes resultados também estão de acordo com Chattopadhyay e Patra (1992), que observaram que as plantas sob controlo foram as primeiras a completar a floração, enquanto que sob o mulch de polietileno preto esta se atrasou. Os resultados obtidos estão também em conformidade com as conclusões de Pande et al. (2005).

5.1.2.3. Duração da floração

O presente estudo revelou que a duração da floração na aonla cv. NA-7 foi influenciada por diferentes tratamentos de cobertura morta (Tabela 4). A duração máxima da floração (23 dias) foi observada sob cobertura de polietileno preto, seguida de cobertura de palha de arroz (21 dias), enquanto que sem cobertura registou uma duração mínima da floração (16 dias). O aumento da temperatura do solo e a disponibilidade de humidade no solo durante mais tempo sob o mulch de polietileno preto podem ser responsáveis pelo maior crescimento e desenvolvimento das plantas, o que leva a uma floração precoce e de maior duração. Estes resultados estão em conformidade com as conclusões de Chattopadhyay e Patra (1992), que registaram uma duração de floração mais longa na romã sob cobertura de polietileno preto. Foram registados resultados semelhantes no morango (Ali e Gaur, 2007) e na baga (Bal e Singh, 2011).

5.1.2.4. Número de flores por ramo (rácio flores masculinas : flores femininas)

Foi claramente evidente a partir dos resultados que o mulch de polietileno preto produziu a menor proporção de flores masculinas: femininas (22,17: 1) seguido pelo mulch de palha de arroz (22,96: 1). A razão máxima de flores masculinas: femininas foi encontrada no controlo (25,04: 1). As flores masculinas apareceram na axila das folhas em toda a ramificação, mas as flores femininas nasceram apenas em algumas ramificações. Este efeito pode dever-se a um melhor controlo das ervas daninhas e a uma maior retenção de humidade que, por sua vez, aumentou o primórdio da flor, os hidratos de carbono e os nutrientes essenciais para promover a floração nas plantas frutíferas. Os resultados estão de acordo com as conclusões de Ali e Gaur (2007), que registaram um número máximo de flores por planta no morangueiro com cobertura de polietileno preto. Banik et al. (2011) registaram um número mínimo de flores hermafroditas por panícula com o controlo.

5.1.2.5. Floração completa

Entre os diferentes tratamentos de cobertura, o polietileno preto foi o primeiro a entrar em plena floração (25th abril) seguido de perto pela cobertura de palha de arroz (26th abril). A plena floração da aonla cv. NA-7 foi atrasada no controlo (29th abril). A precocidade da plena floração com a cobertura morta de polietileno preto deve-se provavelmente ao facto de esta proporcionar uma humidade e temperatura óptimas no solo, criando assim condições favoráveis ao crescimento e desenvolvimento das plantas. Resultados semelhantes foram obtidos por Chattopadhyay e Patra (1992) que registaram a floração mais precoce da romã sob cobertura morta de polietileno preto, seguida de cobertura morta de lixo de banana. Estes resultados também estão de acordo com as conclusões de Singh (2007), que registou a floração mais precoce da baga sob cobertura morta de polietileno preto.

5.1.2.6. Data de vencimento

Nos presentes estudos, a maturidade dos frutos foi observada mais cedo na cobertura de polietileno preto (15th dezembro), seguida da cobertura de palha de arroz (20th dezembro), enquanto que a data de maturidade dos frutos foi atrasada no controlo (30th dezembro). Estas diferenças podem provavelmente dever-se a diferentes regimes hidrotérmicos do solo, a uma melhor conservação da humidade e a uma temperatura do solo mais elevada com a utilização de cobertura morta de polietileno preto do que com outras coberturas (Pollard et al., 1989; Abbotty e Gough, 1992). Pelo contrário, Singh (2007) registou uma maturação precoce dos frutos em ber com controlo, enquanto a data de maturação foi atrasada com a cobertura morta de polietileno preto.

5.1.2.7. Dias decorridos desde a plena floração até à maturidade

As observações sobre os dias decorridos desde a plena floração até à maturação dos frutos (Quadro 5) mostraram um número mínimo de dias para a maturação dos frutos na cobertura de polietileno preto (234 dias), seguido da cobertura de palha de arroz (238 dias). O número máximo de dias desde a plena floração até à maturação foi registado no controlo (245 dias). Isto pode dever-se a diferentes regimes hidrotérmicos do solo, a uma melhor conservação da humidade e a uma temperatura do solo mais elevada com a utilização de cobertura morta de polietileno preto. Estes resultados estão em consonância com as conclusões de Singh e Asrey (2005) e Singh et al. (2007) sobre o morangueiro.

5.1.3. Atributos de rendimento

5.1.3.1. Por cento de frutificação

O mulch de polietileno preto registou significativamente uma frutificação máxima (56,15%) em comparação com todos os restantes tratamentos, incluindo o controlo (quadro 6). Este facto pode ser atribuído ao aumento da disponibilidade de nutrientes, à moderação dos regimes hidrotermais e às condições de ausência de vegetação. Estes resultados estão em conformidade com as conclusões de Thakur et al. (1993) e Kumar et al. (1999), que registaram uma frutificação máxima em maçãs sob mulching de polietileno preto. Estes resultados também estão em conformidade com os de Jagtap e Wavchal (1993), que registaram uma frutificação máxima da baga cv. Sanaur-6 sob pó de serra, em comparação com palha de trigo e cobertura morta de resíduos de cana-de-açúcar. Da mesma forma, Mukherjee et al. (2004) observaram a maior frutificação da baga sob cobertura morta de polietileno preto. No entanto, Pande et al. (2005) registaram a frutificação máxima da macieira sob mulch de erva seca, em comparação com mulch de polietileno preto.

5.1.3.2. Percentagem de queda de frutos

Observou-se que diferentes materiais de cobertura vegetal têm um efeito significativo na queda de frutos da aonla. A queda máxima de frutos (59,01%) foi registada em árvores sem mulch, seguida de (59,32%) em mulch de erva seca. A queda mínima de frutos de 55,87% foi registada sob mulch de polietileno preto. A redução da queda de frutos sob mulching pode provavelmente dever-se ao aumento da humidade do solo, à maior disponibilidade de nutrientes e ao controlo de ervas daninhas. No entanto, no caso de plantas sem mulch, a diminuição da humidade do solo e as perdas de nutrientes resultaram numa maior queda de frutos, levando a uma menor produção. Estes resultados também estão de acordo com os de Gosh e Bauri (2003) que observaram uma queda de frutos significativamente mínima na manga sob cobertura de polietileno preto. Do mesmo modo, estes resultados estão de acordo com os de Patil et al., 2002; Pande et al., 2005; Ali e Gaur, 2007 e Das et al., 2010) em Nagpur, na tangerina, maçã, manga, morango e goiaba, respetivamente.

5.1.3.3. Rendimento

Nas presentes investigações, todos os tratamentos de cobertura vegetal influenciaram a produção de frutos em aonla cv. NA-7. No entanto, o mulch de polietileno preto aumentou significativamente a produção em comparação com todos os outros tratamentos, incluindo o controlo (Quadro 6). As plantas sob mulch de polietileno preto produziram o máximo rendimento por planta devido a frutos maiores devido a um melhor crescimento das plantas devido ao regime hidrotérmico favorável do solo e a um ambiente completamente livre de ervas daninhas para as árvores, o que, por sua vez, causou uma maior carga de cultura. Estes resultados também estão em consonância com os de Kaundal et al. (1995) em pêssego, Gosh e Bauri (2003) em manga, Shirgure et al. (2003) em tangerina de Nagpur e Ali e Gaur (2007) em morango, que registaram a maior produção de frutos com cobertura morta de polietileno preto. As presentes observações também estão de acordo com os resultados de (Kumar et al., 2008; Kaur e Kaundal, 2009) e Sharma e Kathiravan (2009), que registaram a maior produção de frutos em pêssegos e ameixas, respetivamente, com cobertura morta de polietileno.

5.2. CARACTERÍSTICAS FÍSICO-QUÍMICAS

5.2.1. Caraterísticas físicas

5.2.1.1. Peso do fruto

O peso médio dos frutos também foi influenciado por diferentes materiais de cobertura (Quadro 7), mas entre os tratamentos de cobertura o peso médio máximo dos frutos foi registado com cobertura de polietileno preto (41,46 g/fruto) e o mínimo (36,47 g/fruto) foi registado sob controlo. O aumento do peso dos frutos esteve diretamente relacionado com a redução da densidade das ervas daninhas e com a elevada eficiência do controlo das ervas daninhas no tratamento com polietileno preto, o que resultou num aumento da disponibilidade de água no solo e de nutrientes para as plantas frutíferas, o que subsequentemente aumentou o peso dos frutos. Borthakur e Bhattacharyya (1992) opinaram que o peso individual dos frutos da goiabeira melhorou em condições de cobertura morta, o que pode dever-se a uma maior absorção de nutrientes e humidade. As presentes observações estão em consonância com as conclusões de Singh (1992), Kaundal et al. (1995), Kumar et al. (2008), Kaur e Kaundal (2009) e Sharma e Kathiravan (2009), que referiram o peso mais elevado dos frutos de pêssegos e ameixas, respetivamente, sob mulching de polietileno, em comparação com o peso mais baixo dos frutos nas plantas de controlo.

5.2.1.2. Tamanho do fruto

Tanto o comprimento como o diâmetro dos frutos foram significativamente afectados pelos diferentes tratamentos de cobertura vegetal durante o curso da investigação. Foi registado um comprimento de fruto significativamente mais elevado sob mulching de polietileno preto (3,73 cm) seguido de mulch de palha de arroz (3,61 cm). O comprimento mínimo dos frutos (3,26 cm) foi registado no controlo. Da mesma forma, o diâmetro do fruto foi máximo no mulching de polietileno preto (4,42 cm) e foi encontrado a par com o mulch de palha de arroz. O diâmetro mínimo dos frutos (4,15 cm) foi obtido no controlo. A influência do mulching no tamanho dos frutos pode ser atribuída a uma melhor disponibilidade de humidade e de nutrientes conservados no solo na altura do desenvolvimento dos frutos. As condições de stress de humidade que se desenvolvem no momento do desenvolvimento dos frutos conduzem a um crescimento deficiente, tal como foi observado em frutos sem mulching. Estes resultados estão em conformidade com as constatações de Badiyala e Aggarwal (1981), Gupta e Acharya (1993), Lamarre et al. (1996), Hassan et al. (2000) e Ali e Gaur (2007) no morangueiro. As presentes observações também estão de acordo com as conclusões de Bal e Singh (2011), que relataram o tamanho máximo dos frutos em bagas sob mulching de polietileno preto.

5.2.1.3. Volume do fruto

O volume máximo de frutos (39,80 cm^3) foi registado em frutos cobertos com polietileno preto, embora a par da cobertura de palha de arroz (37,68 cm^3). O menor volume (30,50 cm^3) foi registado em frutos de árvores não mulchadas (Quadro 7). O aumento do volume dos frutos está altamente correlacionado com o tamanho dos frutos e pode ser atribuído ao aumento do tamanho dos frutos como resultado do aumento do tamanho das células devido a uma maior divisão e alongamento celular. Estes resultados estão em conformidade com as conclusões de Pande et al. (2005) em maçã e Gaikwad et al. (2002) em tangerina de Nagpur. As presentes observações também estão em conformidade com os resultados de Kher et al. (2010), que registaram um volume de frutos significativamente mais elevado sob cobertura morta de polietileno preto.

5.2.1.4. Gravidade específica

Nos presentes estudos, a gravidade específica máxima dos frutos foi observada no controlo (1,27), seguida da cobertura morta de sarkanda (1,25). A menor gravidade específica (1,04) foi encontrada sob cobertura de polietileno preto. A gravidade específica varia tanto na magnitude final quanto na taxa de mudança sazonal na aonla, mas geralmente mostra uma diminuição do início da estação até a maturidade. As alterações na gravidade específica dos frutos durante o crescimento devem-se ao aumento dos espaços de ar intercelulares e capilares. Assim, a densidade do fruto reflecte a extensão dos espaços de ar, a quantidade de lignificação (células pétreas) e a densidade das células do fruto. É verdade para todos os tipos de frutos que os mais pequenos são mais densos do que os maiores, tanto durante a estação como na colheita (Westwood, 1993). Pelo contrário, Kumar et al. (2012) registaram uma gravidade específica máxima em morangos sob polietileno transparente.

5.2.1.5. Peso fresco da polpa

Nas presentes investigações, o peso fresco máximo da polpa (39,57 g/fruto) foi encontrado na cobertura morta de polietileno preto, embora a par da cobertura morta de palha de arroz (38,39 g/fruto) e da cobertura morta de serradura (37,43 g/fruto). O peso fresco mais baixo da polpa foi registado no controlo (34,62 g/fruto). Este aumento do peso fresco da polpa pode ser devido a uma maior absorção de nutrientes e água pelas plantas. Estes resultados estão em consonância com as conclusões de Sheikh (2013), que registou um peso máximo de polpa (49,80 g) de frutos de ameixa em plantas sob polietileno preto e o menor peso de polpa (33,05 g) foi registado em frutos de plantas não mulch.

5.2.1.6. Peso seco da polpa

Registou-se um peso seco de polpa significativamente mais elevado no mulch de polietileno preto (6,03 g/fruto) seguido do mulch de palha de arroz (5,89 g/fruto). O peso seco mínimo da polpa foi obtido no controlo (5,49 g/fruto), que foi significativamente mais baixo entre todos os tratamentos. A influência da cobertura morta no peso seco da polpa pode ser atribuída à humidade adequada e ao maior teor de clorofila nas folhas, resultando numa maior fotossíntese e numa maior acumulação de matéria seca nos frutos.

5.2.1.7. Peso da pedra

Nos estudos actuais, é óbvio que o efeito dos vários tratamentos de cobertura vegetal no peso do caroço não foi significativo (Quadro 8). No entanto, o peso máximo do caroço foi registado no mulch de polietileno preto (1,89 g/fruto) seguido de palha de arroz e polietileno branco (1,88 g/fruto cada). O peso mínimo do caroço foi registado no controlo. As presentes observações também estão em conformidade com as conclusões de Sheikh (2013), que registou o peso máximo do caroço (1,55 g) sob polietileno transparente, seguido de 1,48 g registado em ameixa sob cobertura de polietileno preto e o peso mínimo do caroço de 1,33 g registado em frutos de árvores não mulch.

5.2.1.8. Rácio pasta/pedra

O rácio polpa/pedra máximo foi observado no mulch de polietileno preto (20,94) seguido do mulch de palha de arroz (20,42). A relação polpa: caroço mínima foi registada no controlo (18,71). O aumento da relação polpa: caroço pode ser devido ao aumento do tamanho do fruto sob o material de cobertura de polietileno preto e pode ser atribuído ao aumento das células no mesocarpo, como foi relatado por Crane (1964). Os presentes resultados estão em conformidade com os resultados de Kumar et al. (2008) em manga 'Lal Sundari' e Sheikh (2013) em ameixa, que relataram um peso máximo de polpa: caroço (33,65) sob cobertura de polietileno preto e o mínimo no controlo (24,85).

5.2.2. Caracteres químicos

5.2.2.1. Sólidos solúveis totais (S.S.T.)

Os sólidos solúveis totais foram significativamente afectados pelos diferentes tratamentos de cobertura vegetal durante o curso da investigação. Os sólidos solúveis totais registaram o valor mais elevado ($10{,}73^0$ Brix) na cobertura de polietileno preto, seguido da cobertura de palha de arroz ($10{,}20^0$ Brix), enquanto que no controlo foi mínimo ($9{,}70^0$ Brix). Estas variações no TSS podem provavelmente ser devidas a resultados de baixa temperatura sob coberturas orgânicas, enquanto que sob coberturas de polietileno preto, a temperatura mais elevada do solo pode ser a causa principal, como sugerido por (Tang et al., 1984). Badiyala e Aggarwal (1981) registaram o maior TSS no morangueiro sob mulch de polietileno preto. Do mesmo modo, Kaundal et al. (1995) em pêssego, Hassan et al. (2000) em morango, Gosh e Bauri (2003) em manga, Shirgure et al. (2003) em tangerina de Nagpur, Agrawal et al. (2005) em manga, Ali e Gaur (2007) em morango e Sheikh (2013) em ameixa registaram um máximo de SST com cobertura de polietileno preto.

5.2.2.2. Acidez titulável

Observou-se que diferentes materiais de cobertura têm um efeito significativo na acidez titulável da aonla. A acidez titulável máxima (1,92%) foi registada em frutos sob plantas sem mulching. A menor acidez titulável (1,64%) foi registada sob mulching de polietileno preto. Esta diminuição da acidez pode dever-se à rápida conversão de alguns dos ácidos em açúcares sob a película de polietileno preto. Os presentes resultados estão de acordo com Nath e Sharma (1994), que registaram uma acidez máxima do limão de Assam sob controlo e uma acidez mínima sob cobertura de palha de arroz. Tal como observado no presente estudo, Kaundal et al. (1995) também observaram uma acidez significativamente mais baixa do pêssego sob polietileno preto, em comparação com o controlo. Do mesmo modo, Hassan et al. (2000) e Ali e Gaur (2007) registaram a acidez mínima do morango sob cobertura de polietileno preto e a máxima no controlo.
Shirgure et al. (2003) determinaram o teor de acidez mais baixo da tangerina Nagpur sob polietileno preto seguido de cobertura morta de erva seca. Sheikh (2013) registou uma acidez mínima (1,40%) sob película de polietileno preto e uma acidez mais elevada (1,52%) em frutos de plantas sem mulch.

5.2.2.3. TSS: rácio de acidez

Como é evidente no Quadro 9, o máximo de TSS: acidez (6,54) foi registado em frutos sob cobertura de polietileno preto, seguido de cobertura de palha de arroz (6,04), enquanto que a razão TSS: acidez mínima (5,05) foi registada no controlo. Estas alterações nos atributos de qualidade podem ser devidas aos resultados de uma maior disponibilidade de azoto e de uma temperatura mais baixa sob coberturas orgânicas, enquanto que sob coberturas de polietileno preto, a temperatura mais elevada do solo pode ser a causa principal, tal como sugerido por (Tang et al., 1984). Os resultados do presente estudo relativamente ao rácio TSS: ácido dos frutos estão de acordo com as conclusões de (Pande et al. 2005; Kumar et al., 1999). As presentes observações também estão de acordo com as conclusões de Sheikh (2013), que relatou a relação máxima de TSS: acidez (11,70) sob cobertura de polietileno preto e menos no controlo sem cobertura.

5.2.2.4. Açúcares

Nas presentes investigações, entre as várias coberturas, a cobertura de polietileno preto resultou em maior quantidade de açúcar total (5,71%), açúcares redutores (3,42%) e açúcares não redutores (2,19%), seguida por (5,64% de açúcar total, 3,38% de açúcares redutores e 2,15% de açúcares não redutores) na cobertura de palha de arroz. O menor teor de açúcares totais (5,33%), açúcares redutores (3,17%) e açúcares não redutores (2,05%) foi registado nos frutos do controlo. A acumulação máxima de açúcares totais, redutores e não redutores pode ser atribuída à temperatura elevada do solo e à maior disponibilidade de nutrientes sob diferentes materiais de cobertura. A cobertura morta de polietileno preto produziu frutos de aonla de melhor qualidade devido ao teor de humidade relativamente elevado, em resultado do qual se verificou uma concentração elevada de iões na célula, o que aumentou a pressão osmótica no soluto celular e, consequentemente, a abertura dos estomas e a alteração da proporção de amido para açúcares pode ter aumentado consideravelmente (Badiyala, 1987). Os presentes resultados estão de acordo com Pande et al. (2005), que registaram os açúcares totais e os açúcares redutores mais elevados sob cobertura morta de polietileno preto e menos sob cobertura morta de agulhas de pinheiro em maçã. Tal como observado nos presentes estudos, Das et al. (2010) registaram um máximo de açúcares totais, redutores e não redutores sob cobertura morta de palha de arroz em comparação com o controlo em goiaba. Do mesmo modo, Kumar et al. (2012) e Sheikh (2013) registaram açúcares totais significativamente mais elevados no morango e na ameixa sob coberturas plásticas e menos no controlo.

5.2.2.5. Vitamina C

Foram observadas variações significativas no ácido ascórbico do fruto da aonla durante a investigação. O teor máximo de ácido ascórbico dos frutos foi registado sob cobertura de polietileno preto (596,03 mg/100g de polpa), seguido de cobertura de palha de arroz (592,59 mg/100g de polpa). O teor mínimo de ácido ascórbico foi registado no controlo (578,23 mg/100g de polpa). A melhoria apreciável da qualidade da fruta em termos de valores de ácido ascórbico obtidos por vários tratamentos de cobertura morta pode estar associada ao aumento da conservação da humidade do solo, o que, em última análise, causou a mobilização de hidratos de carbono solúveis na fruta. Hassan et al. (2000) e Ali e Gaur (2007) também registaram o teor máximo de ácido ascórbico do morango com cobertura morta de polietileno preto. Estes resultados estão de acordo com as conclusões de Maji e Das (2008) em goiaba, Kour e Singh (2009) em morango, Singh et al. (2010) em aonla e Bal e Singh (2011) em baga.

5.2.2.6. Clorofila

O teor mais alto de clorofila nas folhas de aonla (36,90%) foi encontrado na cobertura de polietileno preto, seguido por 34,80% na cobertura de palha de arroz. O menor teor de clorofila (26,70%) nas folhas foi observado no controlo sem mulch. Isto foi certamente atribuído à população mínima de ervas daninhas sob materiais de cobertura e à disponibilidade de mais nutrientes e humidade para um melhor conteúdo de clorofila e a sua translocação para as folhas das plantas cobertas. Estes resultados estão de acordo com os resultados obtidos por Ashrafuzzaman et al. (2011). Pelo contrário, George et al. (2000) indicaram que não houve diferenças significativas entre os diferentes tratamentos, mas o polietileno preto apresentou um índice de clorofila consistentemente superior ao do controlo sem cobertura morta.

5.3. CONTROLO DE ERVAS DANINHAS

5.3.1. Número de ervas daninhas

Nas presentes investigações, o mulch de polietileno preto mostrou superioridade significativa na redução da população de ervas daninhas em centésimos por cento, seguido pelo mulch de palha de arroz (82/m^2). A maior população de ervas daninhas (105/m^2) foi observada no controlo. O menor número de população/densidade de ervas daninhas sob o mulching de polietileno preto pode dever-se ao efeito preventivo do mulch na penetração da luz, que actuou como barreira física, afectando o crescimento da maioria das ervas daninhas anuais e perenes. Pode criar condições parcialmente anaeróbicas para a sobrevivência das espécies de infestantes, resultando assim numa densidade muito baixa de infestantes. O mulch de polietileno branco produziu uma população máxima de ervas daninhas e matéria seca, o que pode ser devido à entrada direta de radiação solar através dele e também devido a uma temperatura mais elevada do solo e ao teor de humidade do solo. O crescimento de ervas daninhas sob o mulch é muito pequeno, pois os mulches impedem a penetração da luz ou excluem certos comprimentos de onda que são necessários para o crescimento das plântulas de ervas daninhas (Ossom et al., 2001). Estas constatações estão de acordo com o trabalho de Shirgure et al. (2003), que relataram um controlo de cem por cento das ervas daninhas na tangerina de Nagpur com cobertura morta de polietileno preto. Do mesmo modo, Yadav et al. (2004) também observaram um controlo de 80-90 % das infestantes em bagas com cobertura morta de polietileno preto. O efeito significativo de diferentes materiais de cobertura vegetal observado nos presentes estudos está também em conformidade com o trabalho de Stapleton et al. (1989); Buban et al. (1995); Kaur e Kaundal (2009); e Sharma e Kathiravan (2009).

5.3.2. Peso das ervas daninhas

No presente estudo, o mulch de polietileno preto não apresentou peso fresco e seco de ervas daninhas, uma vez que proporciona um controlo de ervas daninhas de cem por cento, enquanto o peso fresco mínimo significativo (70,10 g/m^2) e o peso seco (2,09 g $/m^2$) de ervas daninhas foram observados sob mulch de palha de arroz. O peso fresco máximo das ervas daninhas (173 g/m^2) e o peso seco (8,90 g $/m^2$) foram observados sob controlo. Rao e Pathak (1998) registaram resultados semelhantes relativamente ao peso seco das ervas daninhas em plantas de aonla sob solo sódico. Observaram que o mulch de polietileno preto apresentou um peso seco mínimo de ervas daninhas em comparação com outros mulches e com o controlo.

5.4. ECONOMIA

Na presente investigação, o custo máximo de produção (₹ 2566,60) foi incorrido na combinação de tratamento composta por polietileno preto e coberturas de polietileno branco, enquanto foi mínimo (₹ 2478,30) no controle. Os retornos brutos foram mais altos (₹ 5239,44) na cobertura de polietileno preto, enquanto no controle os retornos brutos foram mais baixos (₹ 3825,60). Os retornos líquidos também foram registrados no máximo (₹ 2672,84) sob cobertura de polietileno preto e no mínimo (₹ 1559,30) no controle. Isso pode ser atribuído a maiores rendimentos e qualidade superior dos frutos com diferentes tratamentos de cobertura morta. Assim, a relação benefício: custo (B: C) foi encontrada para ser máxima na cobertura de polietileno preto (1: 2,04) e mínima (1: 1,69) na cobertura de polietileno branco e controle. Estimativas semelhantes para o rendimento bruto foram relatadas por Kotze e Joubert (1992) onde o aumento foi de 24 e 79 por cento sob tratamentos de mulch em damasqueiros. Raina (1991) calculou rendimentos brutos e líquidos mais elevados por hectare no caso da macieira, Sharma (2003) no caso da ameixeira e Sharma (2004) no caso do morangueiro. Estes resultados estão de acordo com o trabalho de Khokhar et al. (2001), que encontraram uma relação B:C máxima no mulch de erva em comparação com a monda manual em oliveira. Estes resultados também estão em associação com os resultados obtidos por Prakash et al. (2007) em lichia.

CAPÍTULO 6

Resumo e conclusões

A presente investigação intitulada "Efeito de materiais de cobertura vegetal no crescimento das árvores, na produção e na qualidade dos frutos da aonla (Emblica officinalis Gaertn.) cv. NA-7 em condições de sequeiro de Jammu" foi realizada na Subestação de Pesquisa de Frutas Subtropicais (RRSS) Raya, Jammu, e na Divisão de Ciência de Frutas, Universidade Sher-e-Kashmir de Ciências Agrícolas e Tecnologia de Jammu, durante 2013-14. Os principais resultados e conclusões são resumidos a seguir:

6.1. CARACTERES DE CRESCIMENTO VEGETATIVO

1. O aumento máximo da altura das árvores (0,55 m) foi registado sob polietileno preto, seguido de cobertura de palha de arroz (0,43 m), contra um aumento mínimo da altura de 0,31 m registado em árvores sem cobertura.
2. O efeito dos diferentes materiais de cobertura vegetal na propagação das árvores não foi significativo. No entanto, a propagação das árvores na direção este-oeste foi máxima com o mulch de polietileno preto (0,17 m) e o mulch de palha de arroz (0,16 m), enquanto foi mínima no controlo sem mulch (0,13 m). A propagação das árvores de aonla cv. NA-7 na direção norte-sul foi máxima no polietileno preto (0,23 m), seguida da cobertura de palha de arroz (0,22 m) e mínima na testemunha (0,18 m).
3. O aumento máximo do volume das árvores, de 11,11 m^3 , foi registado sob cobertura de polietileno preto, que se situou a par da cobertura de palha de arroz (10,68 m^3). O aumento mínimo do volume da árvore de 7,38 m^3 foi registado no controlo.

6.2. COMPORTAMENTO DE FLORAÇÃO

1. A floração começou mais cedo com polietileno preto (11th abril), seguido de perto por palha de arroz e pó de serra (12th abril). O início da floração foi atrasado no controlo, que foi observado a 15th de abril.
2. Entre os diferentes tratamentos, a Sarkanda, o polietileno branco e o controlo sem mulch foram os primeiros a completar a fase de floração (1st maio). A data de fim da floração no mulch de palha de arroz (3rd maio) e no mulch de polietileno preto (4th maio) foi atrasada.
3. A duração máxima do florescimento (23 dias) foi observada sob cobertura de polietileno preto, seguida de cobertura de palha de arroz (21 dias), enquanto o controlo sem cobertura registou uma duração mínima do florescimento (16 dias).
4. O mulch de polietileno preto produziu o menor rácio de flores macho : fêmea (22,17 : 1) seguido pelo mulch de palha de arroz (22,96 :1). A razão máxima de flores masculinas : femininas foi encontrada no controlo sem mulch (25,04 : 1).
5. A floração mais precoce (25th abril) foi observada no mulch de polietileno preto, seguido de perto pelo mulch de palha de arroz (26th abril), enquanto que no controlo foi mais tardia (29th abril).
6. A maturidade dos frutos foi observada mais cedo na cobertura de polietileno preto (15th dezembro), seguida da cobertura de palha de arroz (20th dezembro), enquanto que a data de maturidade dos frutos foi atrasada no controlo sem cobertura (30th dezembro).
7. O número mínimo de dias para a maturação dos frutos foi observado no mulch de polietileno preto (234 dias), seguido do mulch de palha de arroz (238 dias), enquanto que o número máximo de dias desde a plena floração até à maturação foi registado no controlo sem mulch (245 dias).

6.3. ATRIBUTOS DE RENDIMENTO

1. A frutificação máxima de 56,15% foi registada sob mulch de polietileno preto, seguida de 55,42% sob mulch de palha de arroz. A menor leitura (51,86%) foi registada no controlo sem mulch.
2. A queda máxima de frutos (59,01%) foi registada no controlo sem mulch, seguida de 59,32% no mulch de erva seca, enquanto que a queda mínima de frutos de 55,87% foi registada no mulch de polietileno preto.

3. A produção máxima de frutos de 72,77 kg/planta foi registada sob mulch de polietileno preto seguido de mulch de palha de arroz (70,35 kg/planta) enquanto que a produção mínima de frutos foi encontrada no controlo (63,76 kg/planta).
4. O peso máximo do caroço foi registado no mulch de polietileno preto (1,89 g/fruto) seguido de palha de arroz e polietileno branco (1,88 g/fruto cada) enquanto que o peso mínimo do caroço foi registado no controlo sem mulch.

6.4. CARACTERES FÍSICOS

1. O peso médio máximo dos frutos foi registado com o mulch de polietileno preto (41,46 g/fruto) e foi encontrado a par com o mulch de palha de arroz e o mulch de serradura e o peso médio mínimo dos frutos de 36,47 g/fruto foi registado sob controlo sem mulch.
2. O mulch de polietileno preto produziu frutos significativamente mais longos (3,73 cm), seguido pelo mulch de palha de arroz (3,61 cm). O comprimento mínimo dos frutos foi registado no controlo sem mulch (3,26 cm).
3. O mulch de polietileno preto aumentou significativamente o diâmetro do fruto (4,42 cm) entre todos os restantes tratamentos, exceto o mulch de palha de arroz que foi observado a par do mulch de polietileno preto. O diâmetro mínimo dos frutos foi observado no controlo (4,15 cm).
4. O volume máximo de frutos de 39 80 cm^3 foi registado em frutos sob polietileno preto, embora a par da cobertura de palha de arroz (37,68 cm^3). A leitura mais baixa (30,50 cm^3) foi registada no controlo sem mulch.
5. A gravidade específica máxima dos frutos foi observada no controlo (1,27), seguida do mulch de sarkanda (1,25). A menor gravidade específica (1,04) foi encontrada sob cobertura de polietileno preto.
6. O peso fresco máximo da polpa (39,57 g/fruto) foi encontrado na cobertura morta de polietileno preto, embora a par da cobertura morta de palha de arroz (38,39 g/fruto) e da cobertura morta de serradura (37,43 g/fruto). O peso fresco mais baixo da polpa foi registado no controlo (34,62 g/fruto).
7. Registou-se um peso seco de polpa significativamente mais elevado no mulch de polietileno preto (6,03 g/fruto) seguido do mulch de palha de arroz (5,89 g/fruto). O peso seco mínimo da polpa foi obtido no controlo.
8. O peso máximo do caroço foi registado na cobertura morta de polietileno preto (1,89 g/fruto), seguido da palha de arroz e do polietileno branco (1,88 g/fruto cada). O peso mínimo do caroço foi registado no controlo sem mulch
9. A relação polpa/pedra máxima foi observada na cobertura de polietileno preto (20,94) seguida pela cobertura de palha de arroz (20,42). A relação polpa:caroço mínima foi registada no controlo sem mulch (18,71).

6.5. CARACTERES QUÍMICOS

1. O teor de sólidos solúveis totais foi mais elevado (10,73° Brix) na cobertura de polietileno preto, seguido da cobertura de palha de arroz (10,20° Brix), enquanto que o controlo produziu frutos com um teor mínimo de SST (9,70° Brix).
2. A acidez titulável máxima (1,92%) foi registada nos frutos sob plantas sem mulching. A menor acidez titulável (1,64%) foi registada sob mulching de polietileno preto.
3. A relação SST:ácido máxima (6,54) foi registada em frutos sob cobertura de polietileno preto, seguida de cobertura de palha de arroz (6,04), enquanto que as plantas sob controlo sem cobertura registaram a relação SST:ácido mínima (5,05).
4. A cobertura morta de polietileno preto resultou em maior quantidade de açúcar total (5,71%), açúcares redutores (3,42%) e açúcares não redutores (2,19%), seguida por (5,64% de açúcar total, 3,38% de açúcares redutores e 2,15% de açúcares não redutores) na cobertura morta de palha de arroz. O menor teor de açúcar total (5,33%), de açúcares redutores (3,17%) e de açúcares não redutores (2,05%) foi registado nos frutos do controlo sem mulch.
5. O teor máximo de ácido ascórbico nos frutos foi registado sob mulching de polietileno preto (596,03

mg/100g de polpa) seguido de mulching de palha de arroz (592,59 mg/100g de polpa). O teor mínimo de ácido ascórbico foi registado no controlo sem mulching (578,23 mg/100g de polpa).

6. O teor mais alto de clorofila nas folhas de aonla (36,90%) foi encontrado na cobertura de polietileno preto, seguido de 34,80% na cobertura de palha de arroz. O teor de clorofila mais baixo, de 26,70 %, foi observado no controlo.

6.6. CONTROLO DE ERVAS DANINHAS

1. O mulch de polietileno preto mostrou superioridade significativa na redução da população de ervas daninhas em cent por cento, seguido pelo mulch de palha de arroz (82/m^2). A maior população de ervas daninhas (105/m^2) foi observada no controlo.
2. O mulch de polietileno preto não apresentou pesos frescos e secos de ervas daninhas, uma vez que proporciona um controlo de ervas daninhas de cem por cento, enquanto o peso fresco mínimo significativo (70,10 g/m^2) e o peso seco (2,09 g/m^2) de ervas daninhas foram observados sob mulch de palha de arroz.

6.7. ECONOMIA

1. Também foram registados rendimentos líquidos máximos (₹ 2672,84/tratamento) sob cobertura de polietileno preto e mínimos (₹ 1559,3/tratamento) no controlo.
2. A relação benefício/custo (relação B:C) foi máxima no tratamento com mulch de polietileno preto (1: 2,04) e mínima 1: 1,69 no mulch de polietileno branco e no controlo.

CONCLUSÃO

Do presente estudo pode concluir-se que, de entre os diferentes tratamentos de cobertura morta, a aplicação de polietileno preto é superior para aumentar o crescimento da árvore em termos de altura, expansão e volume, melhorar o comportamento da floração, atributos de rendimento, caracteres físicos e químicos do fruto. A aplicação de cobertura morta de polietileno preto resultou numa redução significativa da população de ervas daninhas e registou o máximo de rendimentos líquidos e de relação benefício/custo. Com base no crescimento vegetativo, na floração, na produção e nos caracteres de qualidade dos frutos, o polietileno preto é a escolha ideal de cobertura vegetal, enquanto a palha de arroz foi considerada a melhor cobertura vegetal natural. Por conseguinte, a partir da presente investigação, pode concluir-se que, para melhorar o crescimento, o rendimento e a qualidade dos frutos da aonla cv. NA-7, o mulch de polietileno preto e a palha de arroz (entre os mulches orgânicos) são os mais adequados e economicamente viáveis nas condições de sequeiro de Jammu.

Referências

Abboty, J. D. e Gough, R. E. 1992. Effect of polythene mulch colour on the fruiting response of strawberry. Soil and Crop Science Society of Florida, 52: 40-43.

Agarwal, S. e Chopra, C. S. 2004. Estudos sobre as alterações do ácido ascórbico e dos fenóis totais no fabrico de produtos de aonla. Beverage and Food World, 31: 32-34.

Agrawal, N., Sharma, H. G., Agrawal, S., Dixit, A. e Dubey, P. 2005. Estudo comparativo de irrigação por gotejamento e método de superfície com e sem cobertura plástica em manga cv. Dashehari. Haryana Journal of Horticultural Sciences, 34(1-2): 9-11.

Albregts, E. E. e Chandler, C. K. 1993. Efeito da cor da cobertura morta de polietileno no desenvolvimento e maturidade dos damasqueiros reais. Actas da Sociedade Americana de Ciências Hortícolas, 52: 40-43.

Ali, A. e Gaur, G. S. 2007. Efeito do mulching no crescimento, produção de frutos e qualidade do morango (Fragaria x ananassa Duch.). The Asian Journal of Horticulture, 2(1): 149-151.

Anónimo, 2014. Declaração de Jammu e Caxemira, Departamento de Horticultura, Jammu.

AOAC. 1994. Official Methods of Analysis: 15th Edn. pp. 125-139. Association of Official Analytical Chemists. Washington, D. C., U.S.A.

Ashrafuzzaman, M., Halim, M. A., Ismail, M. R., Shahidullah, S. M. e Hossain, M. A. 2011. Efeito da cobertura morta de plástico no crescimento e rendimento da malagueta (Capsicum annum L.).

Arquivos Brasileiros de Biologia e Tecnologia, 54(2): 321-330.

Badiyala, S. D. 1987. Estudos sobre nutrição em relação a outras práticas de gestão de pomares em Kinnow (Citrus nobilis x Citrus deliciosa). Tese de doutoramento, Dr. Yashwant Singh Parmar University of Horticulture and Foresty, Nauni, Solan, Índia.

Badiyala, S. D. e Aggarwal, G. C. 1981. Nota sobre o efeito da cobertura vegetal na produção de morangos. Indian Journal of Agricultural Sciences, 51(11): 832-834.

Bakshi, P., Bhat, D. J., Wali, V. K., Sharma, A. e Iqbal, M. 2014. Crescimento, rendimento e qualidade do morango (Fragaria x ananassa Duch.) cv. Chandler como influenciado por vários materiais de cobertura morta. Jornal Africano de Investigação Agrícola, 9(7): 701706.

Bal, G. S. 1995. Efeito do mulching no crescimento da árvore, produção e qualidade do fruto da manga cv. Dashehari. Tese de Mestrado, Universidade Agrícola de Punjab, Ludhiana, Índia.

Bal, J. S. e Singh, S. 2011. Effect of mulching material and herbicides on tree growth, yield and fruit quality of ber. Indian Journal of Horticulture, 68(2): 189-192.

Banik, B. C., Singh, S. R. e Irenaeus, K. S. T. 2011. Efeito da irrigação e da cobertura vegetal orgânica na floração e na frutificação da manga cv. Amrapali. Environment and Ecology, 29(2): 517-519.

Barthakur, N. N. e Arnold, N. P. 1991. Análise química da emblica (Phyllanthus emblica L.) e seu potencial como fonte de alimento. Horticultura Científica, 47: 99-105.

Bhat, D. J. 2004. Efeito do herbicida, N, K e práticas de gestão do solo do pomar no crescimento, rendimento e qualidade dos frutos do damasco. Tese de doutoramento, Dr. Yashwant Singh Parmar University of Horticulture and Foresty, Nauni, Solan, Índia.

Bhutani, V. P. e Bhatia, H. S. 1994. Influência dos herbicidas e do azoto na microflora do solo de um pomar de ameixas. Indian Journal of Weed Science, 16: 127-130.

Borthakur, P. K. e Bhattacharya, R. K. 1992. Efeito de coberturas orgânicas no teor de matéria orgânica e no pH do solo em plantações de goiaba. South Indian Horticulture, 40: 352354.

Borthakur, P. K. e Bhattacharyya, R. K. 1999. Resposta da cobertura vegetal ao rendimento e à composição mineral da goiaba (Psidium guajava L). Haryana Journal of Horticultural Sciences, 28 (1-2): 35-37.

Brar, S. S., Gill, G. S. e Bajwa, G. S. 1992. Manejo de ervas daninhas em viveiros de uvas. Punjab Horticultural Journal, 32(2): 71-76.

Bredwell, G. S. 1974. Resposta das árvores de citrinos ao mulching plástico. Ministeriode Agricultura, pp. 387-394.

Buban, T., Helmeczi, B., Papp, J., Dorgo, E. I., Jakab, L., Kajati, I., Merwin, I., Polesny, F., Muller, W. e Olszak, R.W. 1995. Sistemas de gestão do coberto vegetal compatíveis com o IFP num pomar de macieiras recentemente plantado. Ata Horticulturae, 422: 263-267.

Cahoon, G. A., Morton, E. S., Lee, B. W. e Goodall, G. E. 1963. Utilização de coberturas de solo de plástico em viveiros de citrinos. Actas da Sociedade Americana de Ciências Hortícolas, 83: 309-325.

Castaneda, L. M. F., Antunes, L. E. C., Ristow, W. C. e Carpenedo, R. S. 2009. Utilização de diferentes tipos de mulching na produção de morango. Ata Horticulturae, 842: 111-113.

Chattopadhyay, P. K. e Patra. S. C. 1992. Effect of soil covers on growth, flowering and yield of pomegranate (Punica granatum L.). South Indian Horticulture, 40(6): 309312.

Chopra, R. N., Chopra, I.C., Handa, K. L. e Kapoor, L. D. 1958. Indigenous Drugs of India (2nd Eds.). U. N. Dhir and Sons, Pvt., Ltd., Kolkata.

Crane, J. C. 1964. Growth substance in fruit setting and development. Revisão Anual de Fisiologia Vegetal, 15: 303-326.

Das, B. C., Maji, S. e Mulieh, S. R. 2010. Resposta de coberturas de solo em goiaba cv. L-49. Journal of Crop and Weed, 6(2): 10-14.

Das, B. C., Nath, V., Jana, B. R., Dey, P., Pramanik, K. K. e Kishore, D. K. 2007.

Desempenho de cultivares de morango cultivadas em diferentes materiais de cobertura vegetal em condições de planalto subtropical sub-húmido da Índia Oriental. Indian Journal of Horticulture, 64(2): 136-143.

Eismond, A. K. 1976. O efeito do estrume e dos fertilizantes NPK nos microrganismos do solo numa experiência de campo dinamarquesa a longo prazo. Tidsskrift for Plantavl, 84: 447-454.

Gaikwad, S. C., Ingle, H. V. e Panchbhai, D. M. 2002. A note on the effect of different types of mulches on growth, yield and quality of Nagpur mandarin. The Orissa Journal of Horticulture, 30(1): 137-138.

Gaturuku, J. K. e Isutsa, D. K. 2011. A irrigação e a cobertura morta aumentam significativamente a produção, mas não a qualidade do maracujá roxo. ARPN Journal of Agricultural and Biological Science, 6(11): 47-53.

George, H. L., Crane, J. H., Schaffer, B. e Li, Y. 2000. Efeito do polietileno e da cobertura vegetal orgânica no crescimento e rendimento da carambola Arkin (Averrhoa carambola L.) no sul da Flórida. Actas da Sociedade de Horticultura da Florida, 113: 5-11.

Ghosh, S. N., Duttaray, S. K. e Megu, O. 2009. Efeito do mulching e da irrigação na produção e qualidade dos frutos da laranja doce (Citrus sinensis L.) cv. Mosambi. Revista Internacional de Agricultura, Ambiente e Biotecnologia, 2(1): 42-45.

Gondalia, T. N. e Patel, N. N. 2007. Avaliação económica do investimento em aonla *(Emblica officinalis* Gaertn.) em Gujarat. *Current Science,* 101(6): 49-52.

Gosh, S. N. e Bauri, F. K. 2003. Effect of mulching on yield and physio-chemical properties of mango fruits cv. 'Himsager' grown in rainfed laterite soils. *The Orissa Journal of Horticulture,* 31(1): 78-81.

Gosh, S. P. 1985. Effects of mulches and supplementary irrigation on sweet lime (*Citrus limetoides*) raised in waste land. *Indian Journal of Horticulture,* 42(1-2): 25-29.

Goyal, R. K., Patil, R. T., Kingsly, A. R. P., Walia, H. e Kumar, P. 2008. Nutritive value of Indian foods (Valor nutritivo dos alimentos indianos). *American Journal of Food Technology*, 3(1): 13-23.

Guleria, B. S. 1986. *Estudos sobre o efeito de diferentes sistemas de gestão do solo no crescimento, colheita e qualidade da maçã cv. Starking Delicious no porta-enxerto M7.* Tese de Mestrado apresentada à Universidade de Horticultura e Silvicultura Dr. Y.S. Parmar, Solan.

Gupta, R. e Acharya, C. L. 1993. Effect of mulch induced hydrothermal regime on root growth, water use efficiency, yield and quality of strawberry. *Journal of the Indian Society of Soil Science,* 41(1): 17-25.

Hartley, M. J., Reid, J. B., Rahman, A. e Springett, J. A. 1996. Efeito de coberturas orgânicas e de um herbicida residual na bioatividade do solo num pomar de macieiras. *New Zealand Journal of Crop and Horticultural Science,* 24: 183-190.

Hassan, G. H., Godara, A. K., Kumar, J. e Huchche, A. D. 2000. Effect of different mulches on yield and quality of 'Oso Grande' strawberry *rFrasaria* x ananassa). *Indian Journal of Agricultural Sciences,* 70(3): 184-185.

Hieke, S., George, A. P., Rasmussent, T e Ladders, P. 1997. Efeito da cobertura plástica do solo e da cloche no crescimento e desenvolvimento dos frutos do pêssego cv. Flordaprince (Prunus persica L.) na Austrália subtropical. Journal of Horticulture Science, 72(2): 187-193.

Jackson, M. L. 1967. Soil Chemical Analysis, pp. 498. Asia Publishing House, Bombaim, Índia.

Jackson, M. L. 1973. Soil Chemical Analysis, pp. 498. Prentice Hall of India Pvt. Ltd, Nova Deli, Índia.

Jagtap, D. D. e Wavchal, K. N. 1993. Influência da irrigação e das coberturas vegetais na floração e no rendimento da baga (Zizyphus mauritiana). South Indian Horticulture, 41(2): 111-112.

Joshi, G., Singh, P. K., Srivastava, P. C. e Singh, S. K. 2012. Efeito da cobertura morta, programação de irrigação por gotejamento e níveis de fertilizantes no crescimento da planta, produção de frutos e qualidade da lichia (Litchi chinensis Sonn.). Indian Journal of Soil Conservation, 40(1): 46-51.

Kalra, C. L. 1988. A química e a tecnologia da aonla (Phyllanthus emblica L.) um resumo. Indian Food Packer, 42(4): 67-82.

Karale, A. R., Keskar, B. E., Dhanwale, B. S., Shele, M. B. e Kale, P. N. 1991. Flowering, sex expression and sex ratio in Banarasi aonla seedling trees. Jornal da Universidade Agrícola de Maharashtra, 16: 270-27

Kaundal, G. S., Sing, S., Chanana, Y. R. e Grewal, S. S. 1995. Efeito do glifosato e da cobertura vegetal de plástico no controlo de ervas daninhas no pomar de pessegueiros. Journal of Research of Punjab Agricultural University, 32: 32-38.

Kaur, K. e Kaundal, G. 2009. Eficácia de herbicidas, cobertura vegetal e cobertura de relva no controlo de ervas daninhas em pomares de ameixa. Indian Journal of Weed Science, 104: 110-112.

Khan, J. N., Jain, A. K., Singh, N. P., Gill, P. P. S. e Kaur, S. 2013. Efeito do crescimento, rendimento e absorção de nutrientes da goiaba (Psidium guavaja L.) afetados pelo potencial métrico do solo, fertirrigação e cobertura morta sob irrigação por gotejamento. Agricultural Engineering International, 15(3): 17-28.

Kher, R., Baba, J. A., Bakshi, P. e Wali, V. K. 2010. Efeito da época de plantação e do material de cobertura na qualidade do morango. Journal of Research, SKUAST- Jammu, 9(1): 54-62.

Khokhar, U. U., Gautam, J. R. e Sharma, M. K. 2001. Effect of various floor management system on growth, yield and leaf nutrient status of olive cv. Leccino. The Horticulture Journal, 14(1): 43-48.

Kim, E. J., Choi, D. G. e Jin, S. N. 2008. Efeito da cobertura vegetal reflectora pré-colheita no crescimento e na qualidade dos frutos da ameixa (Prunus domestica L.). Ata Horticulturae, 772: 323-326.

Kotze, W. e Joubert, M. 1992. Composto e coberturas orgânicas na produção de frutos de folha caduca. Deciduous Fruit Grower, 42(3): 93-96.

Kour, R. e Singh, S. 2009. Impacto do mulching no crescimento, na produção de frutos e na qualidade do morango (Fragaria x ananassa Duch.). The Asian Journal of Horticulture, 4(1): 63-64.

Kumar, D., Pandey, V. e Nath, V. 2008. Efeito da cobertura vegetal orgânica e do calendário de irrigação por gotejamento no crescimento e na produtividade da manga 'Lal Sundari' *(Mangifera indica)* na região leste da Índia. *Jornal Indiano de Ciências Agrícolas,* 78: 385388.

Kumar, J., Rana, S. S., Rehalia, A. S. e Verma, H. S. 1999. Long term effects of orchard soil management practices on growth, yield and fruit quality of apple (*Milus domrstici* Borkh.). *Indiin Journil oe Agriculturil Scirncrs,* 69: 355-358.

Kumar, R., Tandon, V. e Mir, M. M. 2012. Impacto de diferentes materiais de cobertura morta no crescimento, rendimento e qualidade do morango (*Frigirii* x *ininissi* Duch.) *Progrrssivr Horticulturr,* 44(2): 234-236.

Lamarre, M., Carean, M. J., Payette, S. J. e Fortin, C. 1996. Influência da fertilização azotada, das coberturas das linhas e das cultivares na produção de morangos de dia neutro. *Cinidiin Journil oe Soil Scirncr,* 76(1): 29-36.

Mage, F. 1982. Mulching de plástico preto comparado com outros métodos de gestão do solo de pomares. *Scirntieic Horticulturr,* 16(2): 131-136.

Maji, S. e Das, B. C. 2008. Response of mulching on fruit quality and yield of guava (*Psidium guijivi* L.). *Environmrnt ind Ecology*, 26(4): 1630-1631.

Mandal, A. e Chattopadhyay, P. K. 1994. Growth and yield of custard apple as influence by soil cover. *Indiin Journil oe Horticulturr,* 51(2): 146-149.

Marinov, P. e Marinov, M. S. 1982. Correlação entre o nível de nutrição mineral, a composição química das folhas e a frutificação do damasco, *Acti Horticulturir,* 121: 183-194.

Melgarejo, P., Sanchez, A. C., Hernandez, F., Szumny, A., Martinez, J. J., Legua, P., Martinez, M. e Carbonell-Barrachna, A. A. 2012. Propriedades químicas, funcionais e de qualidade da ameixa japonesa (*Prunus silicini* Lindl.) afetadas pela cobertura morta. *Scirntii Horticulturir,* 134: 114-120.

Merwin, T. A., Stiles, W. C. e Van, E. S. H. M. 1994. Impactos da gestão da cobertura do solo do pomar nas propriedades físicas do solo. *Journil oe Amrricin Socirty oe Horticulturil Scirncr,* 119 (2): 216-222.

Mishra, J. N., Paul, J. C. e Pradhan, P. C. 2008. Resposta do cajueiro à irrigação por gotejamento e cobertura morta na costa de Orissa. *Journil oe Soil ind Witrr Consrrvition*, 7(3): 3640.

Mukherjee, S., Paliwal, R. e Pareek, S. 2004. Effect of water regime, mulch and kaolin on growth and yield of ber. *Journil oe Horticulturr Scirncr ind Biotrchnology,* 79(6): 91-99.

Mustaffa, M. M. 1989. Effect of mulching and shade on yield, quality and leaf nutrient composition of Coorg mandarin. Indian Journal of Horticulture, 46(3): 344-347.

Nath, J. C. e Sharma, R. 1994. A note on the effect of organic mulches on fruit quality of Assam lemon (Citrus limon Burm.). Indian Journal of Horticulture, 23(1): 46-48.

Neilsen, G. H., Hogue, E. J., Forge, T. e Neilsen, D. 2003. As coberturas vegetais e os biossólidos afectam o vigor, a produção e a nutrição foliar da macieira de alta densidade fertirrigada. HortScience, 38(1): 41-45.

Olsen, S. R., Cole, C. V., Watanabe, F. S. e Dean, L. A. 1954. Estimativa do fósforo disponível por extração com bicarbonato de sódio. USDA Circular, 939: 1-19.

Ossom, E. M., Pace, P. F., Rhykerd, R. L. e Rhykerd, C. L. 2001. Effect of mulch on weed infestation, soil temperature, nutrient concentration and tuber yield in Ipomoea batatus in Papua New Guinea. Tropical Agriculture, 78: 144-151.

Pande, K. K., Dimri, D. C. e Kamboj, P. 2005. Effect of various mulches on growth, yield and quality of Apple. Indian Journal of Horticulture, 62:145-47.

Panse, V. G. e Sukhatme, P. V. 1989. Statistical Methods for Agriculture Workers, pp 359. Conselho Indiano de Investigação Agrícola, Nova Deli.

Patil, D. R., Ingle, H. V. e Rathod, N. G. 2002. Effect of growth regulators and mulching on fruit drop and dead wood of Nagpur Mandarin. Annuals of Plant Physiology, 16(2): 200-201.

Patil, N. 2011. Resposta do morangueiro (Fragaria x ananassa Duch.) cv. Chandler a diferentes coberturas vegetais. Universidade de Agricultura e Tecnologia G. B. Pant, Pantnagar, Uttrakhand, Índia.

Patra, R. K., Debnath, S., Das, B. C. e Hasan, M. A. 2004. Effect of mulching on growth and fruit yield of guava cv. Sardar. Orissa Journal of Horticulture, 32(2): 38-42.

Perfitt, R. I. e Stott, K. G. 1984. Effect of mulch covers and herbicides on the establishment, growth and nutrition of popular and willow cuttings. Aspects of Applied Biology, 5: 305-313.

Piper, C. S. 1966. Soil and Plant Analysis, pp. 368. Hans Publication, Bombaim, Índia.

Pollard, J. E., Gast, K. L. B. e Cundari, C. M. 1989. As coberturas das linhas durante o inverno aumentam o rendimento e a precocidade do morango. Ata Horticulturae, 265: 229-234.

Prakash, J., Singh, N. P. e Sankaran, M. 2007. Response of mulching on in situ soil moisture, growth, yield and economic return of litchi (Litchi chinensis) under rainfed condition in Tripura. Indian Journal of Agricultural Sciences, 77(11): 762764.

Raina, S. S. 1991. Efeito de herbicidas, cobertura morta e cultivo limpo no crescimento, rendimento, qualidade e teor de nutrientes nas folhas de macieiras Royal Delicious. Tese de mestrado, Universidade de Horticultura e Florestas Dr. Yashwant Singh Parmar, Nauni, Solan, Índia.

Ramakrishna, A., Tam, H. M., Wani, S. P. e Long, T. D. 2006. Effect of mulch on soil temperature, moisture, weed infestation and yield of groundnut in northern Vietnam. Field Crops Research, 95: 115-125.

Rana, M. R. 1998. Effect of certain nursery management practices on growth of nursery plants of apple. Tese de mestrado apresentada à Universidade de Horticultura e Silvicultura Dr. Yashwant Singh Parmar, Nauni, Solan, Índia.

Ranganna, S. 1986. Handbook of Analysis and Quality Control for Fruit and Vegetable products. Tata Mc Graw-Hill publishing Company Limited, Nova Deli.

Rao, V. K. e Pathak, R. K. 1996. Efeito das coberturas vegetais nas propriedades do solo em pomares de aonla (Emblica officinalis) estabelecidos em solo sódico. Indian Journal of Horticulture, 53: 251-254.

Rao, V. K. e Pathak, R. K. 1998. Effect of mulches on aonla (Emblica officinalis) orchard in sodic soil. Indian Journal of Horticulture, 55(1): 27-32.

Reddy, Y. T. N. e Khan, M. M. 1998. Effect of mulching treatments on growth, water relation and fruit yield of sapota (Achras sapota). Indian Journal of Agricultural Sciences, 68(10): 657-660.

Robinson, D. W. 1983. Gestão de herbicidas em pomares de macieiras. Horticultura Científica, 34: 12-22.

Robinson, D. W. e O'Kennedy, N. D. 1978. O efeito do sistema herbicida global de gestão do solo no crescimento e rendimento das macieiras. Horticultura Científica, 9: 127-136.

Rui, W. Q. 2005. Efeito da cobertura vegetal na floração e frutificação da cereja doce (Prunus avium) cv. Hongdeng. Fruits, 22(6): 719-721.

Sharma, C. L. 2004. Resposta de N, K e sistemas de gestão do solo do pomar no crescimento, rendimento e qualidade do morango (Fragaria x ananassa Duch.) cv. Chandler. Tese de doutoramento, Dr. Yashwant Singh Parmar University of Horticulture and Foresty, Nauni, Solan, Índia.

Sharma, C. L. e Khokhar, U. U. 2006. Efeito de diferentes coberturas vegetais e herbicidas no crescimento, rendimento e qualidade do morango (Fragaria x ananassa Duch.) cv. Chandler. In: Temperate Horticulture : Current Scenario. New India Publishing Agency, Nova Deli (Índia), pp. 313-320.

Sharma, J. C. e Kathiravan, G. 2009. Effect of mulches on soil hydrothermal regimes and growth of plum in mid hill region of Himachal Pradesh. Indian Journal of Horticulture, 66(4): 465-471.

Sharma, V. 2003. Estudos sobre o efeito do azoto, potássio, zinco e boro no crescimento, produção, qualidade dos frutos e estado nutricional das folhas da ameixeira cv. Santa Rosa. Tese de mestrado, Universidade de Horticultura e Florestas Dr. Yashwant Singh Parmar, Nauni, Solan, Índia.

Sharma, Y. P. e Bhutani, V. P. 1998. Effect of nitrogen levels and weed control treatments on nutrient removal by weed and leaf nutrient status of peach. Indian Journal of Agricultural Sciences, 54: 255-259.

Sheikh, M. U. D. 2013. Resposta da ameixa cv. Santa Rosa a coberturas orgânicas e inorgânicas em condições temperadas. Tese de Mestrado, Universidade de Ciências e Tecnologia Agrícolas de Sher-e-Kashmir, Caxemira, Índia.

Shirgure, P. S. 2012. Produção sustentável de frutos de lima ácida e conservação da humidade do solo com diferentes coberturas vegetais. Engenharia Agrícola Hoje, 36(3): 21-26.

Shirgure, P. S., Sonkar, A. K., Singh, S. e Panighrah, P. 2003. Efeito de diferentes coberturas vegetais na conservação da humidade do solo, redução de ervas daninhas, crescimento e rendimento da tangerina Nagpur (Citrus reticulata) irrigada por gotejamento. Indian Journal of Agricultural Sciences, 73(3): 148-152.

Shukla, A. K., Pathak, R. K., Tiwari, R. P. e Nath, V. 2000. Influência da irrigação e da cobertura vegetal no crescimento das plantas e no estado dos nutrientes das folhas da aonla (Emblica officinalis Gaertn.) em solos sódicos. Journal of Applied Horticulture, 2(1): 37-38.

Singh, A. K., Singh, S., Rao, V. V. A., Bagle, B. G. e More, T. A. 2010. Eficiência de coberturas orgânicas nas propriedades do solo, população de minhocas, crescimento e rendimento de aonla cv. NA-7 em ecossistema semi-árido. Indian Journal of Horticulture, 67: 124128.

Singh, I. S. 1997. Aonla. An Industrial profile. N D University Agricultural and Technology, Faizabad.

Singh, I. S., Pathak, R. K., Diwedi, R. e Singh, H. K. 1993. Technical Bulletin, N D University Agricultural and Technology, Faizabad.

Singh, K. e Sethi, K. S. 1967. Efeito de diferentes materiais de cobertura vegetal em várias respostas da batata. Punjab Horticultural Journal, 6: 169-176.

Singh, R. e Asrey, R. 2005. Crescimento, precocidade e produção de frutos de morango microirrigado afectados pela época de plantação e cobertura morta em regiões semi-áridas. Indian Journal of Horticulture, 62(2): 148-151.

Singh, R. K., Singh, B. P., Baboo, B. e Singh, B. 2012. Growth and biomass of ber (Ziziphus mauritiana) as influenced by various soil moisture conservation techniques under rainfed condition. Indian Journal of Soil Conservation, 40(1): 9094.

Singh, R., Bhandari, A. R. e Thakur, B. C. 2002. Efeito do regime de irrigação por gotejamento e coberturas plásticas no crescimento dos frutos e produção de damasco (Prunus armeniaca). Indian Journal of Agricultural Sciences, 72(6): 355-357.

Singh, R., Sharma, R. R. e Goyal, R. K. 2007. Interactive effects of planting time and mulching on Chandler strawberry (Fragaria x ananassa Duch.). Scientia Horticulturae, 111: 344-351.

Singh, S. 1992. Estudos sobre o controlo de ervas daninhas em pomar de pêssego. Tese de Mestrado apresentada à Universidade Agrícola de Punjab, Ludhiana, Índia.

Singh, S. 2007. *Efeito da cobertura vegetal no crescimento das árvores, na produção e na qualidade dos frutos da baga 'Umran'.* Tese de mestrado, Universidade Agrícola de Punjab, Ludhiana, Índia.

Singh, V., Singh, P. e Singh, A. K. 2009. Composição físico-química e avaliação de cultivares de aonla nas condições de Chhattisgarh. Indian Journal of Horticulture, 66(2): 267-270

Sinha, M. M., Awasthi, D. N. e Upadhyay, S. N. 1982. Effect of different mulches and irrigation intervals on survival of apple grafts. Progressive Horticulture, 14(1): 137-140.

Srivastava, R. P., Misra, R. S., Pandey, V. S. e Pathak, R. K. 1973. Effect of various mulches on the soil temperature and moisture, weed density, survival and growth of apple graft. Progressive Horticulture, 5(3): 27-42.

Stapleton, J. J., Asai, W. K. e Devay, J. E. 1989. Utilização de coberturas de polímeros em programas integrados de gestão de pragas para o estabelecimento de culturas frutícolas perenes. Ata Horticulturae, 225: 161-168.

Subbiah, B. V. e Asiji, G. L. 1956. Um procedimento rápido para o exame do azoto disponível nos solos. Ciência Atual, 25: 259-260.

Tang, L., Yang, X. e Han, X. 1984. O efeito do mulching com película reflexiva de prata num pomar de macieiras. Scientia Agriculture Sinica, 5: 259-60.

Thakur, G. C., Chadha, T. R., Kumar, J. e Verma, H. S. 1997. Efeito do cultivo limpo, da cobertura morta e da cultura de relva na nutrição mineral e no crescimento radicular da macieira cv. Red Delicious. Indian Journal of Agricultural Sciences, 54: 53-57.

Thakur, G. C., Chadha, T. R., Verma, H. S. e Kumar, J. 1993. Efeito dos sistemas de gestão do solo na produção e qualidade dos frutos da macieira cv. Red Delicious. Indian Journal of Horticulture, 50(1): 10-13.

Tripathi, V. K., Singh, M. B. e Singh, S. 1988. Estudos sobre alterações comparativas da composição em diferentes produtos conservados de amla (Emblica officinalis Gaertn.) var. Banarasi. *Indian Food Packer,* 42(4): 60 - 66.

Verma, M. L., Bhardwaj, S. P., Thakur, B. C. e Bhandari, A. R. 2005. Estudos nutricionais e de cobertura vegetal em macieiras. *Indian Journal of Horticulture*, 62(4): 332-335.

Walkley, A. e Black, I. A. 1934. An examination of the Degtjareff method for determining soil organic matter and a proposed modification of the chromic acid titration method. *Soil Science,* 37: 29-38.

Westwood, M. N. 1993. Temperate Zone Pomology, pp. 227. W. H. Freeman and Company, San Franciso, Califórnia, EUA.

Yadav, A., Balyan, R. S., Malik, R. K., Bhatia, S. K. e Banga, R. S. 2004. Gestão de ervas daninhas em viveiro de ber (Zizyphus rotundifolia). Haryana Journal of Horticultural Sciences, 33(3-4): 202-203.

Tabela 1. Efeito do mulching na altura das árvores de aonla cv. NA-7.

Treatment	Tree height (m)		Increase in tree height (m)
	Before mulching (18-02-2013)	9 months after mulching (18-11-2013)	
T_1 : Black polythene	5.24	5.79	0.55
T_2 : White polythene	5.67	6.04	0.37
T_3 : Paddy straw	5.27	5.70	0.43
T_4 : Saw dust	5.53	5.90	0.37
T_5 : Sarkanda	5.31	5.64	0.33
T_6 : Dry grass	5.43	5.78	0.35
T_7 : Control	5.61	5.92	0.31
C D $_{(p=0.05)}$	**0.07**	**0.03**	**0.04**

Tabela 2. Efeito do mulching na propagação de árvores de aonla cv. NA-7.

Treatment	Tree spread (m)				Increase in tree spread (m)	
	Before mulching (18-02-2013)		9 months after mulching (18-11-2013)			
	North-South	East-West	North-South	East-West	North-South	East-West
T_1 : Black polythene	3.04	2.41	3.27	2.58	0.23	0.17

T_2 : White polythene	3.21	2.65	3.42	2.80	0.21	0.15
T_3 : Paddy straw	3.06	2.42	3.28	2.58	0.22	0.16
T_4 : Saw dust	3.14	2.52	3.36	2.68	0.22	0.16
T_5 : Sarkanda	3.09	2.44	3.28	2.58	0.19	0.14
T_6 : Dry grass	3.11	2.48	3.32	2.63	0.21	0.15
T_7 : Control	3.17	2.60	3.35	2.73	0.18	0.13
C D $_{(p=0.05)}$	**0.02**	**0.04**	**0.03**	**0.02**	**NS**	**NS**

Tabela 3. Efeito do mulching no volume das árvores de aonla cv. NA-7.

Treatment	**Tree volume (m^3)**		**Increase in tree volume (m^3)**
	Before mulching (18-02-2013)	**9 months after mulching (18-11-2013)**	
T_1 : Black polythene	40.66	51.77	11.11
T_2 : White polythene	50.87	60.02	9.15
T_3 : Paddy Straw	41.35	52.03	10.68
T_4 : Saw dust	46.28	56.23	9.95

T_5 : Sarkanda	42.42	50.59	8.17
T_6 : Dry grass	44.33	53.46	9.13
T_7 : Control	48.79	56.17	7.38
C D $_{(p=0.05)}$	**0.04**	**0.02**	**1.52**

Tabela 4. Efeito do mulching na data da primeira floração, data do fim da floração, duração da floração e relação flor masculina/feminina da aonla cv. NA-7.

Treatment	Date of first flowering	Date of end of flowering	Duration of flowering (Days)	Male : Female flower ratio
T_1 : Black polythene	2nd week of April **(11)**	1st week of May **(4)**	23	22.17:1
T_2 : White polythene	2nd week of April **(14)**	1st week of May **(1)**	17	23.03:1
T_3 : Paddy straw	2nd week of April **(12)**	1st week of May **(3)**	21	22.96:1
T_4 : Saw dust	2nd week of April **(12)**	1st week of May **(2)**	20	23.95:1
T_5 : Sarkanda	2nd week of April **(13)**	1st week of May **(1)**	18	24.13:1
T_6 : Dry grass	2nd week of April **(13)**	1st week of May **(2)**	19	23.37:1
T_7 : Control	3rd week of April **(15)**	1st week of May **(1)**	16	25.04:1

*O número entre parêntesis corresponde à data do mês respetivo

Tabela 5. Efeito da cobertura morta na floração plena, data de maturação e dias decorridos entre a floração plena e a maturação da aonla cv. NA-7.

Treatment	Full bloom	Date of maturity	Days taken from full bloom to maturity
T_1 : Black	25th April	15th December	234

polythene			
T_2 : White polythene	28th April	26th December	242
T_3 : Paddy straw	26th April	20th December	238
T_4 : Saw dust	27th April	22nd December	239
T_5 : Sarkanda	28th April	25th December	241
T_6 : Dry grass	27th April	23rd December	240
T_7 : Control	29th April	30th December	245

Tabela 6. Efeito do mulching na frutificação, queda de frutos e rendimento da aonla cv. NA-7.

Treatment	**Fruit set (%)**	**Fruit drop (%)**	**Yield (kg/ plant)**
T_1 : Black polythene	56.15	55.87	72.77
T_2 : White polythene	53.21	57.03	68.84
T_3 : Paddy straw	55.42	56.21	70.35
T_4 : Saw dust	55.22	56.93	70.03
T_5 : Sarkanda	54.29	57.91	67.34

T6 : Dry grass	52.79	58.32	67.85
T7 : Control	51.86	59.01	63.76
C D (p=0.05)	**0.03**	**0.01**	**1.11**

Tabela 7. Efeito do mulching no peso do fruto, comprimento do fruto, diâmetro do fruto, volume do fruto e gravidade específica da aonla cv. NA-7.

Treatment	Fruit weight (g)	Fruit length (cm)	Fruit diameter (cm)	Fruit volume (cm^3)	Specific gravity
T1 : Black polythene	41.46	3.73	4.42	39.80	1.04
T2 : White polythene	38.57	3.46	4.24	33.48	1.15
T3 : Paddy straw	40.27	3.61	4.35	37.68	1.06
T4 : Saw dust	39.30	3.49	4.27	35.67	1.10
T5 : Sarkanda	37.52	3.34	4.19	29.93	1.26
T6 : Dry grass	38.15	3.37	4.21	31.92	1.19
T7 : Control	36.47	3.26	4.15	28.52	1.27
C D (p=0.05)	**2.21**	**0.15**	**0.13**	**2.63**	**0.01**

Tabela 8. Efeito do mulching no peso fresco da polpa, peso seco da polpa, peso do caroço e relação polpa : caroço da aonla cv. NA-7.

Treatment	Fresh weight of pulp (g)	Dry weight of pulp (g)	Stone weight (g)	Pulp : stone ratio
T_1 : Black polythene	39.57	6.03	1.89	20.94
T_2 : White polythene	36.69	5.68	1.88	19.51
T_3 : Paddy straw	38.39	5.89	1.88	20.42
T_4 : Saw dust	37.43	5.76	1.87	20.01
T_5 : Sarkanda	35.65	5.54	1.87	19.06
T_6 : Dry grass	36.28	5.62	1.87	19.40
T_7 : Control	34.62	5.49	1.85	18.71
C D $_{(p=0.05)}$	**2.75**	**0.09**	**NS**	**0.12**

Tabela 9. Efeito da cobertura vegetal nos sólidos solúveis totais (SST), na acidez titulável e na relação SST : acidez da aonla cv. NA-7.

Treatment	TSS (^{O}Brix)	Titratable acidity (%)	TSS : acid ratio
T_1 : Black polythene	10.73	1.64	6.54
T_2 : White polythene	9.94	1.83	5.43
T_3 : Paddy straw	10.20	1.69	6.04

T4 : Saw dust	10.13	1.74	5.82
T5 : Sarkanda	9.73	1.85	5.26
T6 : Dry grass	9.90	1.77	5.59
T7 : Control	9.70	1.92	5.05
C D (p=0.05)	**0.41**	**0.07**	**0.02**

Tabela 10. Efeito do mulching nos açúcares totais, açúcares redutores e açúcares não redutores da aonla cv. NA-7.

Treatment	Total sugars (%)	Reducing sugars (%)	Non reducing sugars (%)
T1 : Black polythene	5.71	3.41	2.19
T2 : White polythene	5.41	3.22	2.08
T3 : Paddy straw	5.64	3.38	2.15
T4 : Saw dust	5.59	3.35	2.13
T5 : Sarkanda	5.39	3.21	2.07
T6 : Dry grass	5.46	3.26	2.09
T7 : Control	5.33	3.17	2.05
C D (p=0.05)	**0.02**	**0.01**	**0.05**

Tabela 11. Efeito do mulching no teor de vitamina C e clorofila da aonla cv. NA- 7.

Treatment	Vitamin C (mg/100g pulp)	Chlorophyll (%)
T_1 : Black polythene	596.03	36.90
T_2 : White polythene	588.57	31.70
T_3 : Paddy straw	592.59	34.80
T_4 : Saw dust	590.81	32.80
T_5 : Sarkanda	589.87	28.90
T_6 : Dry grass	591.69	31.60
T_7 : Control	578.23	26.70
C D $_{(p=0.05)}$	**1.89**	**0.04**

Tabela 12. Efeito do mulching no número de ervas daninhas, peso fresco e peso seco da população de ervas daninhas da aonla cv. NA-7.

Treatment	Number of weeds	Fresh weight of weeds (g)	Dry weight of weeds (g)
T_1 : Black polythene	0 (1.00)	0	0
T_2 : White polythene	89.00 (9.48)	138.33	7.10
T_3 : Paddy straw	82.00 (9.11)	70.10	2.09
T_4 : Saw dust	83.00 (9.16)	81.13	3.01
T_5 : Sarkanda	85.00 (9.27)	93.33	4.86

T_6 : Dry grass	86.66 (9.35)	105.00	6.16
T_7 : Control	105.00 (10.29)	173.33	8.90
C D $_{(p=0.05)}$	**0.35**	**18.73**	**0.04**

*O valor entre parêntesis é o valor transformado

Tabela 13. Custo médio de cultivo de aonla cv. NA-7 usando diferentes materiais de cobertura morta (2013-14).

S. No.	Items	Black polythene (T_1)	White polythene (T_2)	Paddy Straw (T_3)	Saw dust (T_4)	Sarkanda (T_5)	Dry grass (T_6)	Control (T_7)
1.	Cost of basin preparation (₹)	142.86	142.86	142.86	142.86	142.86	142.86	142.86
2.	Cost of FYM (₹)	600	600	600	600	600	600	600
3	Cost of Urea (₹)	79.20	79.20	79.20	79.20	79.20	79.20	79.20
4	Cost of DAP (₹)	101.20	101.20	101.20	101.20	101.20	101.20	101.20
5	Cost of MOP (₹)	61.20	61.20	61.20	61.20	61.20	61.20	61.20
6	Cost of mulching material (₹)	300.00	300.00	220.00	208.00	180.00	212.00	-
7	Cost of labour (₹)	428.57	428.57	428.57	428.57	428.57	428.57	428.57
8.	Miscellaneous (₹) (irrigation, plant protection measures, harvesting of fruits etc.)	853.57	853.57	853.57	853.57	853.57	853.57	853.57
	Total cost (₹)	**2566.6**	**2566.6**	**2486.3**	**2474.3**	**2446.3**	**2478.3**	**2266.3**

Tabela 14. Análise da relação benefício : custo da aonla cv. NA-7 sob diferentes materiais de cobertura morta (2013-14).

Mulching	Average yield of aonla kg/tree	Rate/kg fruit (₹)	Gross return (₹)	Cost of cultivation (₹)	Net return (₹)	Benefit : cost ratio
T_1 : Black polythene	72.77	18	5239.44	2566.60	2672.84	1 : 2.04
T_2 : White polythene	67.85	16	4342.40	2566.60	1775.80	1 : 1.69
T_3 : Paddy Straw	70.35	17	4783.80	2486.30	2297.50	1 : 1.93
T_4 : Saw dust	70.04	16	4482.56	2474.30	2008.26	1 : 1.81
T_5 : Sarkanda	67.34	16	4309.76	2446.30	1863.46	1 : 1.76
T_6 : Dry grass	68.84	16	4405.76	2478.30	1927.46	1 : 1.78
T_7 : Control	63.76	15	3825.60	2266.30	1559.3	1 : 1.69

Printed by Books on Demand GmbH, Norderstedt / Germany